폴리이미드 기초 및 응용
Polyimides | Fundamentals and Applications

서 문_

폴리이미드는 우주개발에 사용할 목적으로 개발된 대표적인 고내열성 엔지니어링 플라스틱으로 영하 273℃에서 영상 400℃까지 광범위한 온도 변화에도 물성이 변하지 않으며, 아폴로 11호의 달 탐사 임무를 위해 제작된 우주복에 사용된 극한 환경용 소재로 잘 알려져 있다. 이미드 고리의 화학적 안정성을 기초로 하여 우수한 기계적 강도, 내화학성, 내후성, 전기 절연성으로 항공·우주 분야를 포함하여 견고한 유기재료를 요구하는 다양한 분야에서 폭넓게 사용되고 있으며, 현재에는 반도체·디스플레이 산업 분야에 없어서는 안 될 재료이다. 특히 무색·투명한 불소계 폴리이미드는 최근 일본에서 촉발한 수출규제 3대 품목에 해당되는 핵심 화학소재로서 국내 반도체·디스플레이 산업에 반드시 필요한 고부가가치 소재이다.

이 책은 폴리이미드의 기본 원리 및 합성에서부터 물성, 핵심 부품 소재로의 시스템 연계 기술 및 응용에 이르기까지 핵심적인 내용을 쉽게 이해할 수 있도록 저술되었다. 따라서 폴리이미드 화학의 기본 개념에 대해 이해할 수 있을 뿐만 아니라 폴리이미드 산업 전반에 대한 지식을 습득할 수 있도록 하였다. 이 책은 고분자, 섬유, 재료 등 여러 분야의 공학도를 대상으로 강의 교재로 사용할 수 있고 자동차, 조선, 항공·우주, 방위, 디스플레이, 반도체 등과 관련한 기술개발 실무자들에게 실무 참고서로도 활용할 수 있다.

끝으로 이 책의 출간에 큰 도움을 준 경북대학교 섬유시스템공학과 지능형 고분자재료 및 계면공학 연구실 구성원과 도서출판 에듀컨텐츠휴피아의 이상열 대표를 비롯한 임직원 여러분에게 진심으로 감사의 말씀을 전한다.

2023년 8월 저자 씀.

목 차_

서 문 ··· iii

제1장 서 론 ·· 3

   1.1. 폴리이미드의 개요 ··· 5

   1.2. 폴리이미드의 역사 ··· 6

제2장 폴리이미드의 합성과 분자 설계 ·· 9

   2.1. 2단계 합성법 ·· 11

      2.1.1. 폴리아믹산 합성과 단량체 반응성 ································ 15

      2.1.2. 합성반응 조건 및 폴리아믹산 용액 특성 ····················· 17

      2.1.3. 열적 이미드화 반응 ·· 18

      2.1.4. 화학적 이미드화 반응 ·· 19

      2.1.5. 재침법과 이소시아네이트법 ··· 20

   2.2. 1단계 합성법 ·· 20

   2.3. 전하 이동 착물 형성과 단량체 반응성 및 가공성의 관계 ········· 21

제3장 폴리이미드의 구조와 특성의 관계 ··············· 27

3.1. 폴리이미드 고유의 구조 인자 ··············· 29
3.2. 용해성 ··············· 31
3.3. 광학 특성 ··············· 35
3.4. 유전 특성 ··············· 36
3.4.1. 유전체 ··············· 36
3.4.2. 유전상수 ··············· 38
3.4.3. 저유전체 ··············· 38
3.4.3.1. 신호 지연 ··············· 39
3.4.3.2. 상호 신호 간섭 ··············· 41
3.4.4. 박막의 구조와 유전 특성 ··············· 42
3.4.4.1. 고분자의 분극률 감소 ··············· 42
3.4.4.2. 고분자 내의 자유 체적 증가 ··············· 43
3.5. 잔류응력 ··············· 44
3.5.1. 박막의 잔류응력 및 열 응력 ··············· 44
3.5.2. 수분 확산에 따른 박막의 잔류응력 완화 ··············· 47
3.5.3. 박막의 잔류응력 거동 측정 ··············· 49
3.5.4. 박막 잔류응력 및 휨 분석 시스템의 구성 ··············· 51
3.6. 유리전이온도 ··············· 52
3.7. 열 산화 안정성 ··············· 52

제4장 폴리이미드의 종류 및 산업적 응용 ········· 55

   4.1. 감광성 폴리이미드 ·· 57

      4.1.1. Negative형 감광성 폴리이미드 ····················· 59

      4.1.2. Positive형 감광성 폴리이미드 ······················ 61

   4.2. 저유전율 폴리이미드 ·· 62

   4.3. 무색·투명 폴리이미드 ·· 63

   4.4. 열경화성 폴리이미드 ·· 66

      4.4.1. 말레이미드형 ·· 66

      4.4.2. PMR(polymerization of monomer reactant)형 ········· 68

   4.5. 폴리이미드 섬유 ··· 75

맺음말 ··· 79

폴리이미드 기초 및 응용
Polyimides | Fundamentals and Applications

남 기 호 지음

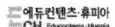

제1장 서 론

1.1. 폴리이미드의 개요

1.2. 폴리이미드의 역사

예듀컨텐츠·휴피아
CH Educontents Huepia

1.1. 폴리이미드의 개요

　현대를 고분자 시대(polymer age)라고 할 만큼 많은 종류의 중합체가 우리 생활에 이용되고 있으며, 해가 갈수록 그 종류와 용도가 다양화되고 있다. 그러나 대부분의 고분자가 유기물질이기 때문에 열에 약하여 고온에서 열분해가 일어나게 됨에 따라 그 물리적 성질이 변하거나 잃게 되어 용도에 제한을 받게 된다. 이러한 약점을 보완하기 위하여 많은 종류의 내열성 고분자가 개발되고 있다.

　고온에서 사용될 수 있는 고분자는 높은 연화점과 유리전이온도를 가져 역학 성질이 유지되어야 하며, 열분해에 큰 저항성과 산화나 가수분해와 같은 화학변화에 대한 저항성 등을 갖추어야 한다. 이러한 요구를 만족시키기 위해서는 강한 화학결합, 재배열이 불가능한 구조, 공명 안정화, 정상 결합각의 고리구조, 많은 다중결합 등의 구조가 바람직하다. 그러나 내열성 고분자의 약점은 열 안정성과 가공성(processability)이 서로 반대로 작용한다는 것으로 내열성을 가진 화학구조는 불용해성과 불용융성도 가지고 있다는 사실이다. 따라서 가공이 가능하도록 고분자의 구조를 변형시켜야 한다.

　방향족 폴리이미드(PI, polyimide)는 우수한 열 안정성을 가지고 있으며, 〈그림 1〉과 같이 폴리벤즈이미다졸(PBI, polybenzimidazole), 폴리벤조옥사졸(PBO, polybenzoxazole), 폴리벤조티아졸(PBZT, polybenzothiazole) 등 폴리이미드와 유사한 헤테로 방향족 고리구조의 주쇄를 갖는 내열성 고분자가 개발되어 있다. 폴리이미드의 열 산화 안정성은 고리구조와 탄소-탄소 결합 등에 기인하나 그 강성(rigidity) 때문에 유리전이온도가 높으며 가공이 어렵거나 불가능하다. 이러한 가공성과 더불어 다양한 성질을 발현시키기 위하여 많은 연구가 진행되어 왔다.

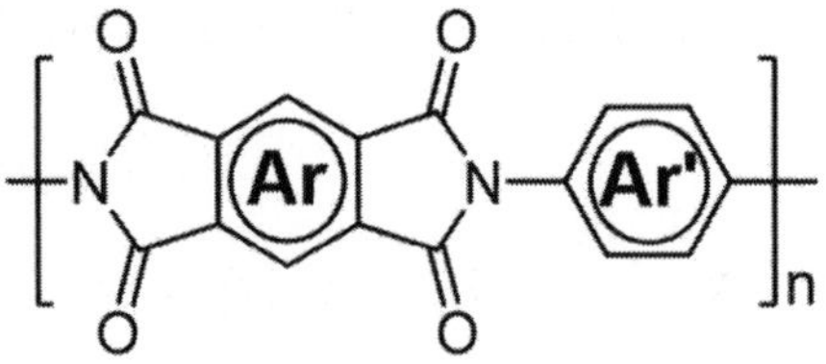

Polyimide (PI)

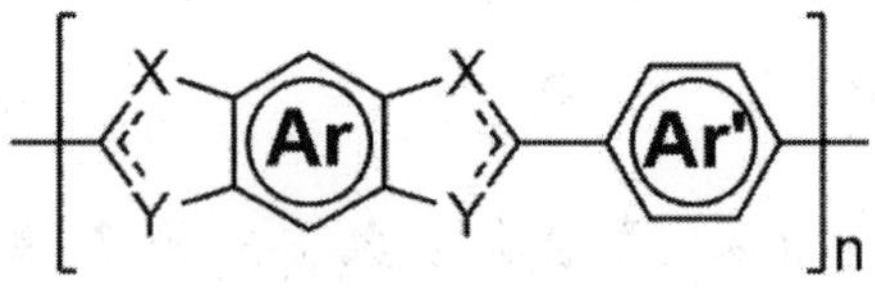

Polybenzimidazole (PBI), [X = N, Y = N]
Polybenzoxazole (PBO), [X = N, Y = O]
Polybenzothiazole (PBZT), [X = N, Y = S]

〈그림 1〉 헤테로 방향족 고리구조의 내열성 고분자

1.2. 폴리이미드의 역사

방향족 폴리이미드의 합성법은 1908년 J. Am. Chem. Soc.에 처음 보고되었으며, 이는 Staudinger가 고분자 설을 제창하기 약 20년 전 일이다. 1950년대 말 DuPont사가 가공 중에는 전구체(precursor) 상태로 성형이 용이하나, 최종적으로는 불용·불융한 상태의 물질로 전환되는 고분자인 “convertible polymer”의 개발을 시도하였으며, 이를 위해 개발된 대표적인 고분자가 폴리이미드이다.

개발 초기에는 지방족 디아민(diamine)과 방향족 산이무수물(dianhydride)로 폴리이미드를 개발하였으나 폴리에스터와 비교하여 특출한 성질을 가지지 못했기 때문에 보다 뛰어난 특성을 부여할 수 있는 강직한 구조를 갖는 폴리이미드의 개발이 시도되었다. 당시 DuPont사의 또 다른 연구팀에서는 방향족 디아민과 isophthaloyl chloride로부터 신규 방향족 폴리아마이드(polyamide)인 “아라미드 섬유(aramid fiber)”를 개발하고 있었으며, 폴리이미드 개발팀은 지방족 디아민 대신 아라미드의 단량체인 방향족 디아민 m-phenylenediamine (m-PDA)를 폴리이미드에 도입하였다. 그 결과 1956년, Andy Andrey는 방향족 디아민을 적용하여 중합된 폴리아믹산(PAA, poly(amic acid))로부터 폴리이미드 필름을 개발하는데 성공하였다. 그 후 방향족 디아민의 잠재력을 예측한 연구자들이 4,4'-oxydianiline(ODA)가 m-PDA보다 내구성 및 가공성이 우수함을 확인하여, 1965년 pyromellitic dianhydride(PDMA)와 4,4'-oxydianiline가 중합된 폴리이미드 필름을 상업적 목적으로 개발하여 첫 상품인 Kapton이 출시되었다.

방향족 폴리이미드는 비교적 결정화도가 낮고 대부분 무정형 구조를 갖는 고분자로서 강직한 주사슬을 기본으로 우수한 내열성, 기계적 강도, 전기 절연성, 내방사선성 및 내약품성으로 항공·우주 및 전기·전자 산업 분야에서 폭넓게 연구되어 왔고 실용화되어 있다. 항공·우주 분야에서는 미 항공 우주국(NASA)을 시작으로 하여, 각처에서 구조체의 프리프레그 재료로서 가교기를 가진 열경화성 폴리이미드의 연구가 활발하게 전개되어 왔다. 전자 산업 분야에서는 절연 박막 재료에의 응용을 중심으로 하여 비열경화성 폴리이미드의 연구가 재료 메이커를 중심으로 전개되어 왔다. 전기 산업에서의 폴리이미드의 용도는 주로 에나멜선용 피복 재료로서, 1930년대 후반에 DuPont사에 의해 액상 수지인 Pyre ML이 판매된 이래 급속히 퍼지기 시작했다. 또한 Kapton H 필름과 성형 재료로서 Vespel 수지가 상품화되었다.

1970년대 후반, 반도체 집적화의 진전과 더불어 전기·전자 산업에 있어서의 폴리이미드의 위상도 큰 전환을 맞이하였는데, 그것은 전기 절연 재료로부터 전자 재료의 변모였다. 1978년, Intel사가 대규모 집적회로(LSI, large-scale integration)의 봉지재로부터 방사되는 α선에 의해 16K bit 이상의 대규모 집적회로가 오동작을 일으키는 현상이 있다고 발표하였다. 이는 리크 전류(봉지재 중

폴리이미드 기초 및 응용

미량 포함되는 우라늄, 토리움으로부터 방사된 α선이 소자에 충돌해 생기는 전하)에 의해, 방전상태의 콘덴서가 충전상태로 전환되어 오동작하는 문제로서 소프트 에러로 불린다. 히타치 제작소가 히타치 화성과 폴리이미드의 일부를 quinazoline 고리로 변성한 polyimide isoindro quindzoline(PIQ)을 이용해 소프트 에러의 해결책으로써 대규모 집적회로 표면에 폴리이미드 피복을 코팅하는 것을 제안한 이래 폴리이미드는 거의 모든 대규모 집적회로의 buffer coat 재료로써 사용하게 되었다. 같은 시기에 대규모 집적회로 배선의 다층화가 진전하는 가운데, 무기 절연막에 비해 배선의 매입성이 뛰어난 폴리이미드가 대규모 집적회로 배선용 층간 절연막으로서 적용되었다.

1980년대 이후는 본격적인 전자 공학의 시대를 맞이하여, 폴리이미드의 용도는 반도체 내부에 머물지 않고, 전자 공학 전반으로 퍼지게 되었다. 모듈 기판용 층간 절연막, 칩 캐리어 테이프, 유연 배선 기판(FPCB, flexible printed circuit board), 액정배향막, 내열성 접착제 등 전자 공학의 다양한 용도에 사용되고 있다. 이러한 가운데 폴리이미드의 특성도 용도에 따라 전개되어, 자기 접착성, 감광성, 저유전율, 저열팽창율, 무색·투명, 비선형 광학 폴리이미드 등 다방면에 걸치는 기능과 특성이 부여되어 왔다.

제2장 폴리이미드의 합성과 분자 설계

2.1. 2단계 합성법

2.2. 1단계 합성법

2.3. 전하 이동 착물 형성과 단량체 반응성 및 가공성의 관계

02

66

에듀컨텐츠·휴피아
Educontents Huepia

99

2.1. 2단계 합성법

폴리이미드는 두 개의 아실기(acyl group)가 질소에 결합한 이미드(imide) 반복 단위의 중합체이다. 폴리이미드는 〈그림 2〉와 같이 지방족 폴리이미드(aliphatic polyimide)와 방향족 폴리이미드(aromatic polyimide)로 분류되고, 강직한 주쇄를 갖는 방향족 폴리이미드가 물리적, 화학적 성질이 우수하여 주로 이용되기 때문에 일반적으로 폴리이미드는 방향족 폴리이미드를 말한다.

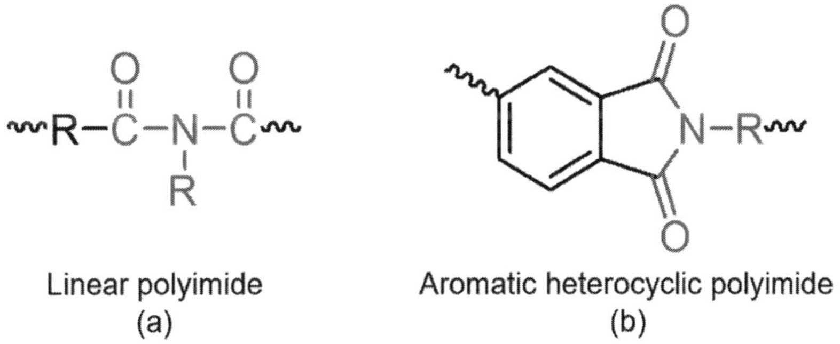

〈그림 2〉 지방족 폴리이미드(a)와 방향족 폴리이미드(b)

폴리이미드의 합성반응은 디아민과 산이무수물을 단량체로 하여 탈수 축합 중합을 통해 합성되며, 대부분의 폴리이미드는 〈그림 3〉과 같이 2단계 반응에 의해 제조된다. 첫 번째 단계는 단량체의 친핵성 치환반응에 의한 단계 중합(step-growth polymerization) 반응으로 폴리이미드 전구체 고분자인 폴리아믹산이 형성되는 단계이고, 두 번째 단계로 합성된 폴리아믹산을 열적 또는 화학적 방법을 통한 탈수 및 폐환 반응을 통해 최종적으로 폴리이미드를 얻을 수 있다.

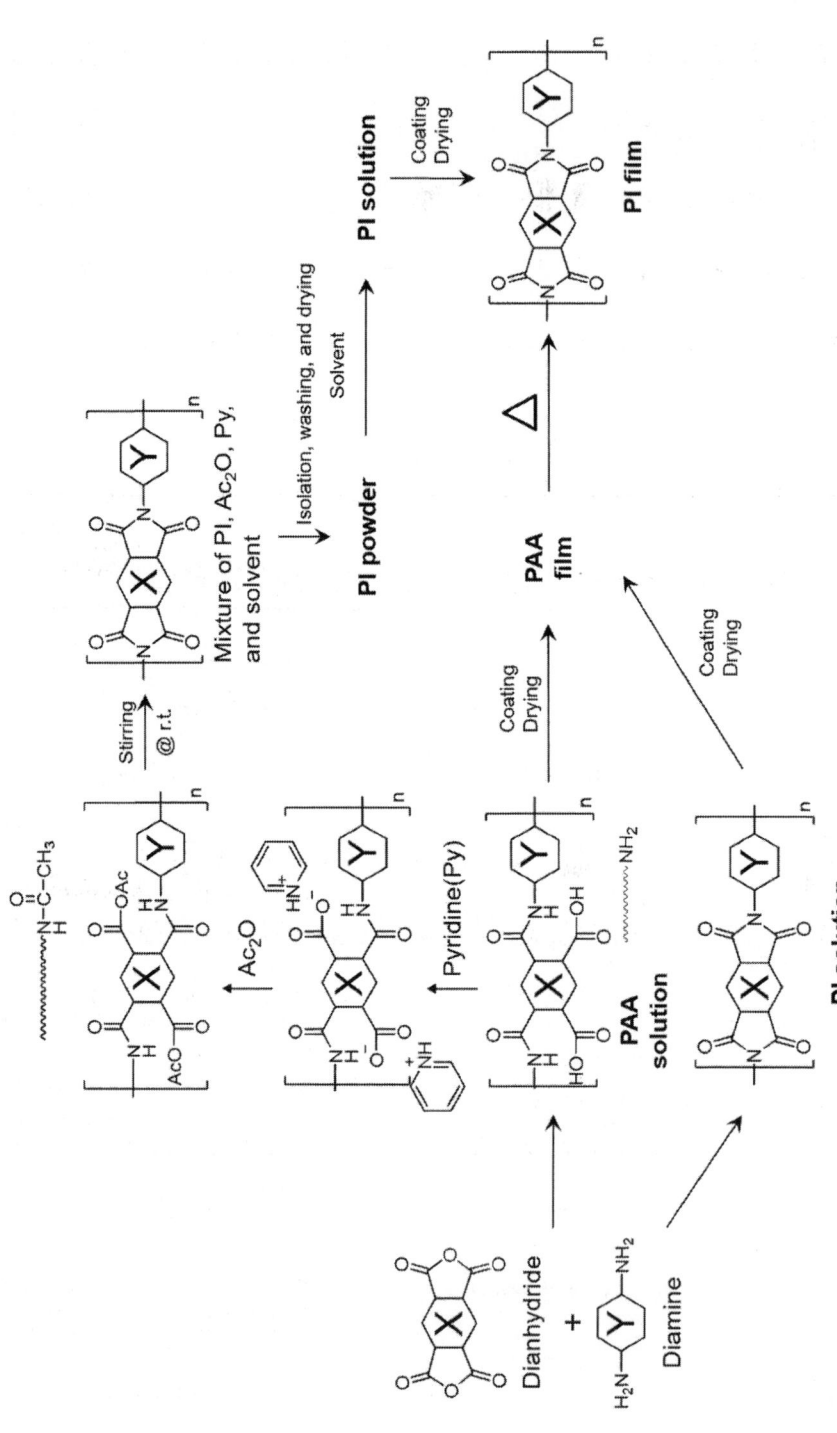

<그림 3> 일반적인 폴리이미드의 합성 모식도

제2장. 폴리이미드의 합성과 분자 설계

폴리아믹산 합성에 사용될 수 있는 산이무수물과 디아민은 다양한 종이 사용될 수 있으므로 대표적으로 사용되고 있는 단량체들을 〈그림 4〉와 〈그림 5〉에 나타내었다. 폴리이미드가 우수한 특성을 발현하기 위해서는 높은 분자량의 폴리아믹산이 필요하며, 따라서 단량체의 순도와 몰비, 농도, 용매 등이 중요한 인자가 된다. 그리고 폴리아믹산이 가수분해됨에 따라 점도가 크게 감소하므로 폴리아믹산의 카복실기를 보호하여 안정성을 증가시키는 것이 필요하다.

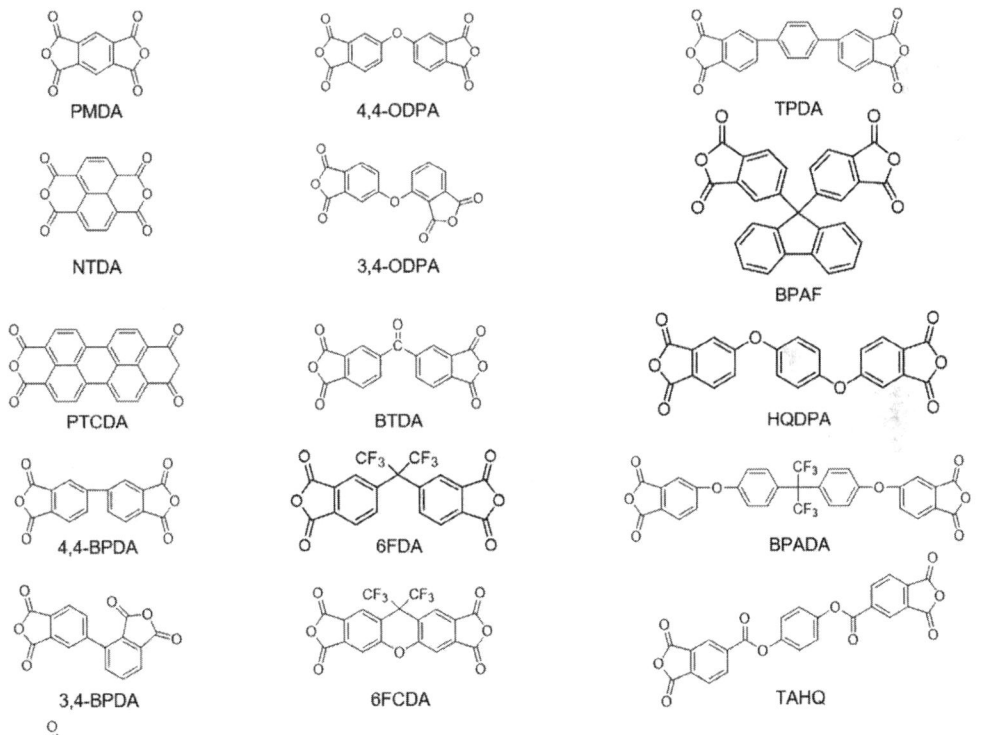

〈그림 4〉 대표적인 폴리이미드 합성 산이무수물 단량체

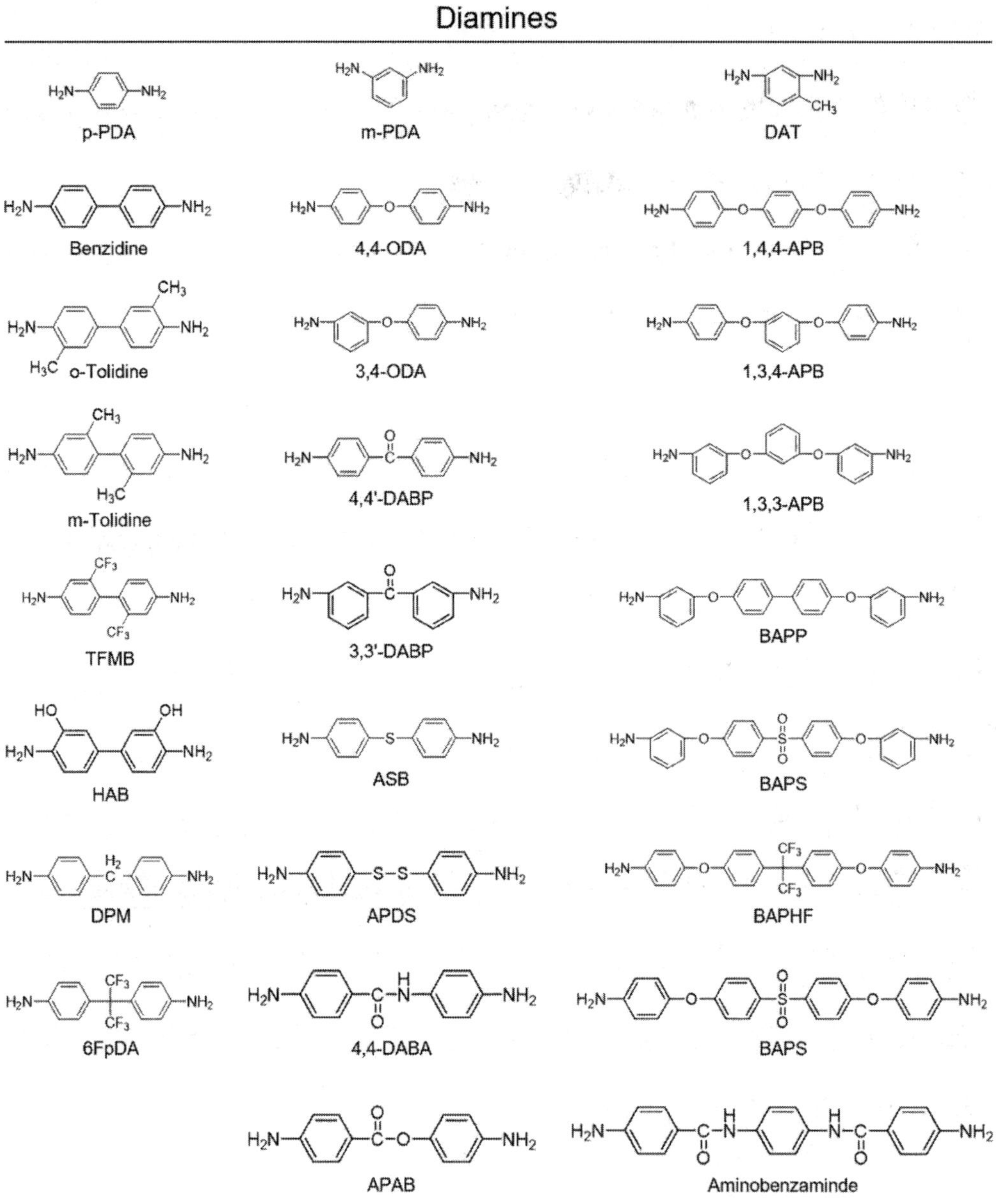

<그림 5> 대표적인 폴리이미드 합성 디아민 단량체

2.1.1. 폴리아믹산 합성과 단량체 반응성

첫 번째 단계인 폴리아믹산 중합은 산이무수물과 디아민을 극성 비양성자성 용매에서 반응시켜 진행되며, 폴리이미드의 합성에 사용되는 용매로는 다음과 같이 N-Methyl-2-pyrrolidone(NMP), N,N-dimethylformamide(DMF), N,N-dimethylacetamide(DMAc), Dimethylacetamide(DMA) m-cresol 등 다양하다. 이러한 용매는 통상 단독으로 사용되지만, 필요에 따라서는 2종 이상을 적절하게 조합하여 사용할 수도 있다.

일반적으로 수분에 취약한 산이무수물을 보호하기 위하여 디아민이 용해되어 있는 용액에 고체상태의 산이무수물을 넣어 반응시킨다. 산이무수물이 첨가되면, 아민의 비공유 전자쌍이 산이무수물의 양 말단에 존재하는 카보닐기의 친전자성 카본을 공격하여 친핵성 치환반응이 일어나고 폴리아믹산이 중합된다. 따라서 반응속도는 산이무수물의 카보닐기의 친전자성과 디아민의 친핵성에 의해 결정된다. 산이무수물의 카보닐기 탄소의 전자친화도(E_a, electron affinity)를 측정함으로써 카보닐기의 친전자성을 판단할 수 있으며, 상업적으로 이용되는 산이무수물과 그들의 전자친화도를 〈표 1〉에 도시하였다. 디아민의 반응성은 염기도(basicity)를 통하여 판단할 수 있으며, 상업적으로 이용되는 디아민과 그들의 pK_a 값을 〈표 1〉에 도시하였다.

⟨표 1⟩ 일반적인 방향족 산이무수물의 전자친화도 및 방향족 디아민의 pyrommellitic dianhydride(PMDA)와 반응 시 염기도 및 반응속도

Dianhydride	E_a(eV)	Diamine	pK_a	log k
PMDA	1.90	p-PDA	6.08	2.12
DSDA	1.57	ODA	5.20	0.78
BTDA	1.55	m-PDA	4.80	0
BPDA	1.38	Benzidine	4.60	0.37
ODPA	1.30	4,4'-DABP	3.10	-2.15

합성된 폴리아믹산이 높은 중합도를 얻기 위해서는 반응 온도와 주위 환경(상대습도, 불활성 가스 흐름 여부), 단량체의 순도, 용매의 순도와 수분 함유량 등이 중요하다. 산이무수물은 수분에 취약하기 때문에 전체 반응 동안 수분에 노출되는 것을 최소로 할 수 있도록 불활성 가스 분위기하에서 진행해야 하며, 단량체 정제를 통해 순도를 높여 사용하여야 높은 중합도를 얻을 수 있다. 또한 일반적인 폴리이미드의 합성반응은 발열반응이므로 저온을 유지시켜 주어야 역반응 및 부반응을 최소화할 수 있다.

2.1.2. 합성반응 조건 및 폴리아믹산 용액 특성

높은 분자량의 폴리아믹산을 얻기 위해서는 단량체의 농도를 높여야 한다. 이는 고체상의 산이무수물이 디아민 용액에 용해되는 속도가 느려 단량체의 농도에 영향을 받기 때문이다. 농도가 특정 임계농도보다 높아지면 용해 속도가 중합 속도보다 느려지게 되어 제한된 확산 상태가 된다. 따라서 고-액 계면 중합이 되며, 이로 인해 산이무수물이 모두 용해되고 두 단량체의 양론적 균형이 달성되기 전에 높은 분자량의 폴리아믹산이 즉시 중합된다. 또한 방향족 산이무수물은 아미드 용매(amide solvent)에 함유될 수 있는 대기 중의 물 및 여러 불순물과 반응하므로 용매 양을 줄이면 높은 분자량 획득에 장애 요소로 작용하는 용매 내의 불순물이 적어진다. 그리고 고체상의 산이무수물을 디아민 용액에 첨가 시 높은 분자량을 얻을 수 있다. 이는 고체상의 산이무수물을 첨가하면 용매 내의 불순물에 의한 영향을 적게 받으며, 산이무수물과 디아민의 반응이 매우 빨라짐으로 인해 경쟁 반응이 최소화되고 부반응이 감소하기 때문이다.

고-액 계면 중합으로 폴리아믹산을 합성하여 용액상태에서 보관할 때, 폴리아믹산의 중량평균 분자량(M_w, weight average molecular weight)은 급격히 저하될 수 있으며, 수평균 분자량(M_n, number average molecular weight) 또한 서서히 저하될 수 있다. 이는 주로 소량의 무수물과 반응하는 수분으로 인해 가역적인 성장(propagation) 단계에서 단량체-고분자 평형이 역반응으로 진행되기 때문이다. 분자량의 저하는 묽은 용액(dilution solution) 하에서나 높은 온도에서 훨씬 급격히 일어난다. 이러한 분자량 저하는 저온 보관 또는 tetrahydrofuran(THF)이나 에탄올을 폴리아믹산 안정제로 사용 시 점도 또는 분자량의 감소를 줄일 수 있다.

2.1.3. 열적 이미드화 반응

두 번째 단계인 폴리아믹산 용액으로부터 폴리이미드를 형성하는 탈수·폐환 반응 방법은 일반적으로 열적 이미드화, 화학적 이미드화, 재침법, 이소시아네이트법이 대표적이며, 주로 열적 이미드화와 화학적 이미드화가 사용된다.

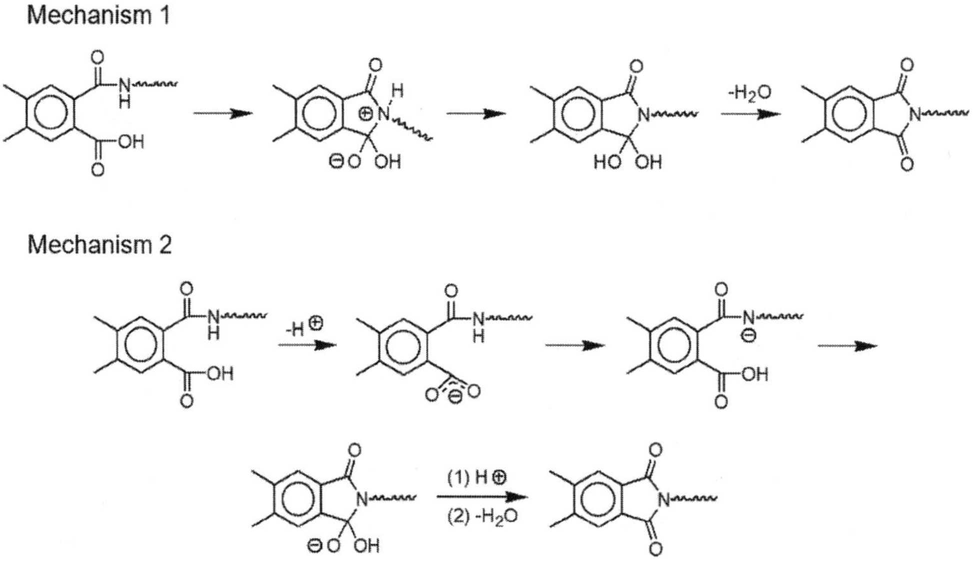

〈그림 6〉 열적 이미드화 반응 메커니즘

열적 이미드화는 250℃ 이상 400℃ 이하의 고온 환경에서 질소의 비공유 전자쌍이 카보닐의 탄소에 대한 친핵성 공격에 의해 물 분자가 제거되고 고리가 닫히며 이미드 고리를 형성하는 반응을 말한다. 일반적으로 350℃ 이상에서 10분 이상 유지되어야 완전히 이미드화가 진행되며 낮은 온도에서는 시간이 아무리 오래 지나도 일정량 이상 이미드화가 진행되지 않는다. 기포 및 공극을 형성하지 않고 용매를 휘발시키고 부산물을 제거하기 때문에 폴리이미드 필름 제조에 적합하다.

2.1.4. 화학적 이미드화 반응

화학적 이미드화는 폴리아믹산 용액에 산무수물 탈수제(dehydrating agent)와 3차 아민을 촉매로 투입하여 진행된다. 일반적으로 사용되는 산무수물은 acetic anhydride, propionic anhydride가 사용되며, 3차 아민은 pyridine, isoquinoline, β-picoline 등이 있다.

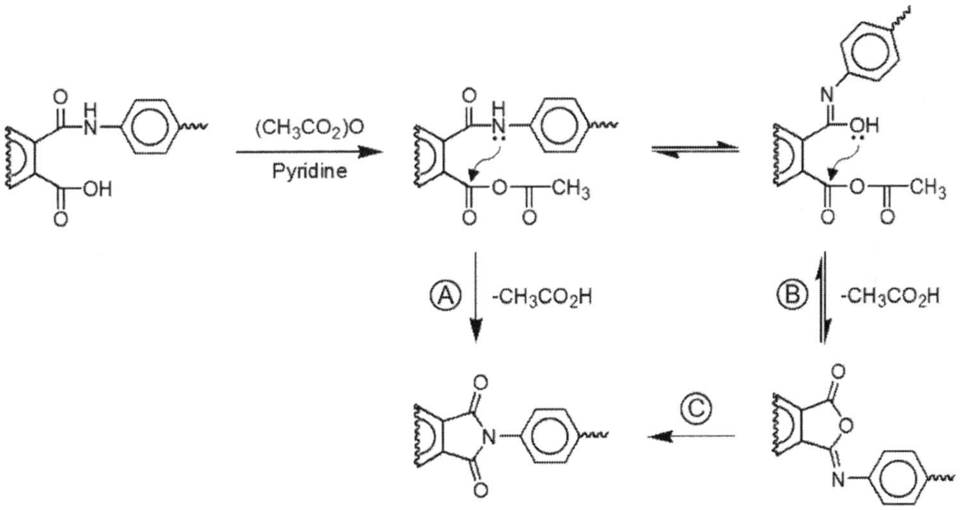

〈그림 7〉 화학적 이미드화 반응 메커니즘

화학적 이미드화를 이용하면 비교적 저온에서 폴리이미드를 얻을 수 있지만, 탈수 촉매의 가격 문제와 잔존 촉매 제거 공정 등의 문제점이 있다. 그리고 순간적으로 이미드화가 진행되기 때문에 필름 제조에는 용이하지 않으며, 폴리아믹산의 공명 구조에 의해 또 다른 전구체인 isoimide가 생길 수 있기 때문에 다시 폴리이미드로 전환하기 위해 추가적인 열처리 공정이 필요하다.

2.1.5. 재침법과 이소시아네이트법

재침법은 과량의 비용매에 폴리아믹산 용액을 투입하여 고체상의 폴리아믹산을 얻는 방법으로써, 재침 용제는 대부분 물을 사용하지만 toluene 혹은 ether 등을 공용매로 사용하기도 한다. 따라서 다량의 유기 용제를 사용하는 것이 이 공정의 단점이다.

이소시아네이트법은 디아민 대신 디이소시아네이트를 단량체로 사용하며, 단량체 혼합물을 120℃ 이상의 온도로 가열하면 CO_2 가스가 발생하면서 폴리이미드가 제조된다.

2.2. 1단계 합성법

1단계 합성법은 약 180℃에서 220℃ 온도 범위에서 산이무수물과 디아민을 끓는 용매 하에서 반응을 시키는 것으로 사슬 성장(chain growth)과 이미드화가 동시에 일어난다. 주로 isoquinoline이 함유된 nitrobenzene, x-chloronapthalene, m-cresol이 용매로 사용된다. 1단계 합성법은 특히 반응성이 낮은 산이무수물과 디아민의 반응 시 효과적이다. 예를 들면 페닐기가 있는 산이무수물을 중합 시 상온 반응으로는 입체장애에 의해 고분자량의 폴리아믹산을 합성하기 어려우나, 높은 온도 하에서 디아민과 빠른 반응을 진행시키면 중합도를 크게 높일 수 있다. 1단계 합성법을 통한 폴리이미드 중합 시 높은 온도 하에서 사슬의 거동이 용이해지므로 안정적 사슬 쌓임(chain packing)이 형성되어 2단계 합성법보다 폴리이미드는 더 높은 결정성을 갖게 된다.

2.3. 전하 이동 착물 형성과 반응성 및 가공성의 관계

폴리이미드의 우수한 열적, 물리적, 화학적 안정성은 분자 내 전하 이동과 분자 간 전하 이동으로 발현된다. 〈그림 8〉, 〈그림 9〉와 같이 분자 내에서 질소 원자는 카보닐기에 전자 주개(electron donor) 역할을 한다.

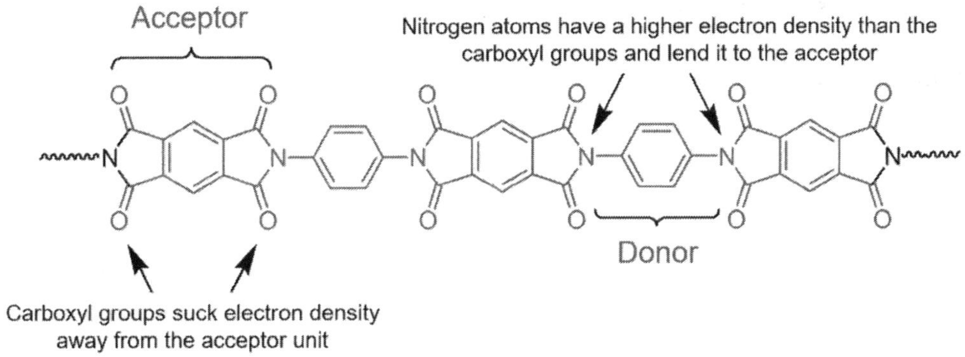

〈그림 8〉 폴리이미드의 전하 전이 복합화

이로 인해 질소 원자의 혼성은 sp^2 혼성에 가까워지고 폴리이미드는 분자 전체가 대체로 평면 구조를 가지게 된다. 질소 원자는 인접한 방향족 고리에 전자 주개 역할을 하고, 카보닐기는 인접한 방향족 고리에 전자 받개(electron acceptor) 역할을 하므로 이로 인해 디아민의 방향족 고리는 상대적으로 전기 음성이 되고, 산이무수물의 방향족 고리는 전기 양성이 되어 분자 내 전하 이동(interamolecular charge transfer)이 생긴다. 이러한 분자 내 전하 이동으로 인해 폴리이미드는 반응성이 매우 낮고 화학적으로 안정하다.

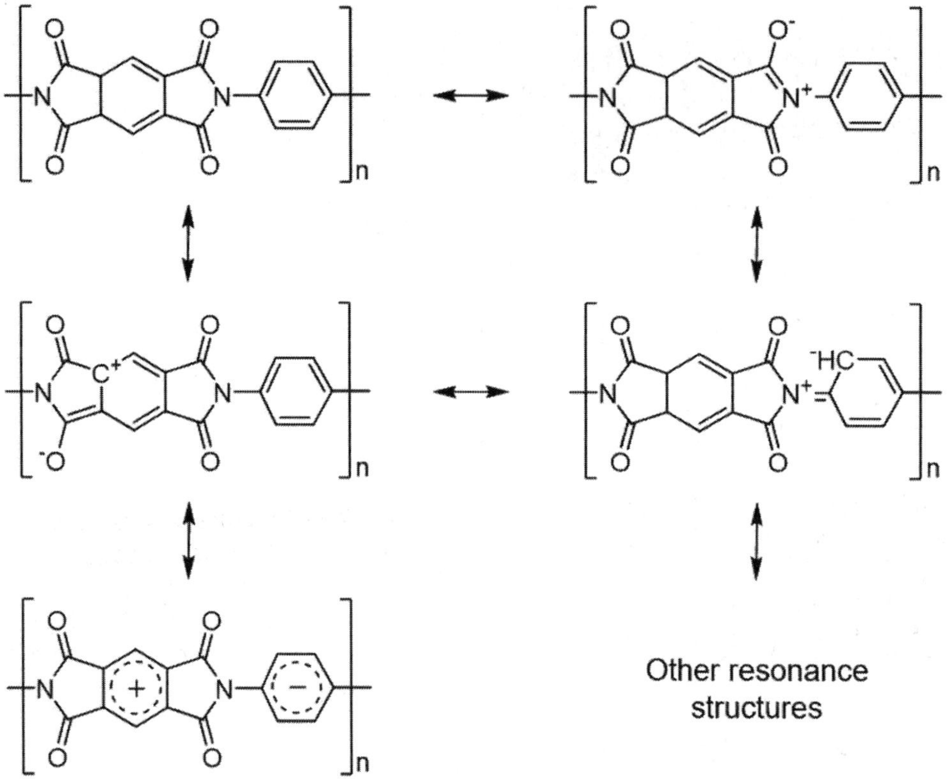

〈그림 9〉 폴리이미드의 분자 내 전하 이동

또한 〈그림 8〉, 〈그림 9〉와 같이 전기 양성인 방향족 고리가 전자 받개로 작용하고, 전기 음성인 방향족 고리가 전자 주개로 작용하여 분자 간 전하 이동(intermolecular charge transfer)이 생기면서 전하 이동 착물(charge transfer complex)을 형성한다. 즉, 매우 강한 분자 간 힘이 작용하여 다른 고분자에 비해 높은 열적, 물리적 특성을 가진다.

제2장. 폴리이미드의 합성과 분자 설계

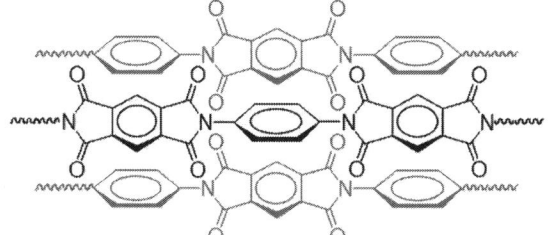

〈그림 10〉 폴리이미드의 분자 간 전하 이동

하지만 폴리이미드의 전하 이동으로 인해 몇 가지 단점도 발생한다. 첫 번째 단점은 용해도이다. 미세한 가루 형태가 아닌 대부분의 폴리이미드는 용매에 용해되지 않아 가공이 어렵다. 그러므로 폴리이미드의 전구체인 폴리아믹산의 형태에서 가공하거나 분말 상태의 폴리이미드를 녹인 후 가공해야 한다. 가공성 문제를 해결하기 위하여 주쇄를 개질하여 사출성형이 가능하도록 개발되었으며, 이후 폴리아미드이미드(Torlon, polyamideimide)와 폴리에테르이미드(Ultem, polyetherimide)와 같은 열가소성 폴리이미드가 개발되었다. 주쇄 내에 포함된 아미드기 또는 에테르기는 폴리이미드의 전하 이동 착물 형성을 약하게 하면서도 내열성을 최대한 유지시켜 사출성형이 가능하다.

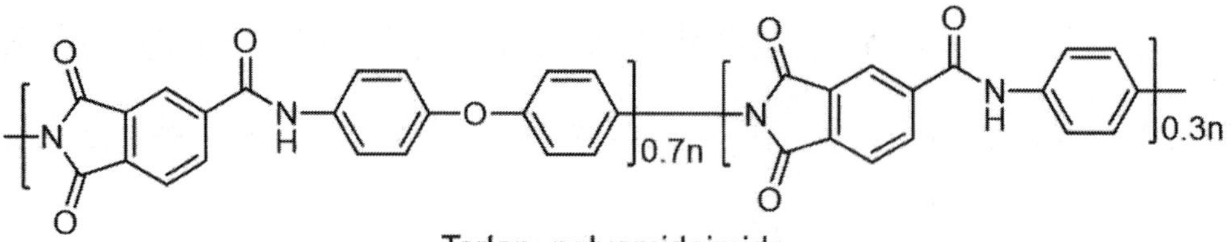

Torlon, polyamideimide
(a)

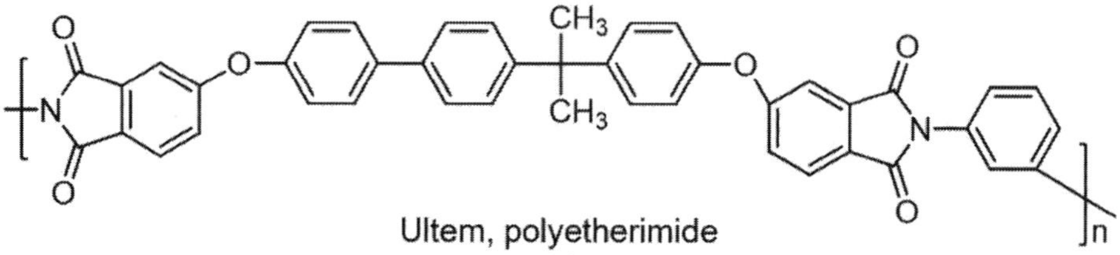

Ultem, polyetherimide
(b)

〈그림 11〉 폴리아미드이미드(a)와 폴리에테르이미드(b)의 화학구조

두 번째 단점은 옅은 노란색에서 짙은 갈색의 유색성을 나타낸다. 특히 π-전자의 공액(conjugation) 구조가 증가할수록 π-전도띠(π-conduction band)와 π-원자가대(π-valence band) 사이의 에너지 간격이 줄어들게 되고, 점차 넓은 가시광선 영역을 흡수한다. 일반적으로 π-전자의 공액 구조가 많지 않은 경우는 400 nm 인근의 파장을 흡수하여 그의 배색인 노란색을 띠고, π-전자의 공액 구조가 증가할수록 더 넓은 가시광선을 흡수하여 진한 갈색을 띠게 된다. 폴리이미드 고유의 색상 또한 전하 이동 착물의 형성을 약하게 하여 제어할 수 있다. 먼저 주쇄 내 알킬기, 할로젠기 등을 도입하여 약한 전자 받개로 작용하는 산이무수물과 약한 전자 주개로 작용하는 디아민을 활용하는 방법이 있다. 하지만 이 경우에는 단량체의 친핵성과 친전자성이 감소하여 중합도가 낮아질 수 있다. 또 다른 방법으로는 술폰기를 도입하여 유연한 구조를 활용하는 방법과 사슬형, 지

제2장. 폴리이미드의 합성과 분자 설계

방족 탄화수소 형태의 알킬기와 전기음성도가 높은 불소 치환기 등이 있는 단량체를 도입하여 비대칭적이고 부피가 큰 구조의 폴리이미드를 합성하는 것이다. 그러나 이처럼 전하 이동 착물 형성을 억제하는 것은 폴리이미드의 우수한 내열성 및 물리적 특성을 잃게 한다.

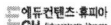

제3장 폴리이미드의 구조와 특성의 관계

3.1. 폴리이미드 고유의 구조 인자

3.2. 용해성

3.3. 광학 특성

3.4. 유전 특성

3.5. 잔류응력

3.6. 유리전이온도

3.7. 열 산화 안정성

3.1. 폴리이미드 고유의 구조 인자

방향족 폴리이미드 사슬 간의 상호작용은 전하 전달(charge-transfer)이나 전자 분극(electronic polarization) 메커니즘을 경유하는 것으로 제안되어 왔으나 어떤 상호작용의 물리적인 모습도 사슬 간 상호작용을 완전하게 설명하진 못하고 있다. 〈그림 12〉는 완전히 배열된 두 인접 사슬들을 따라 이상적인 사슬-사슬 간 상호작용을 보여주고 있다.

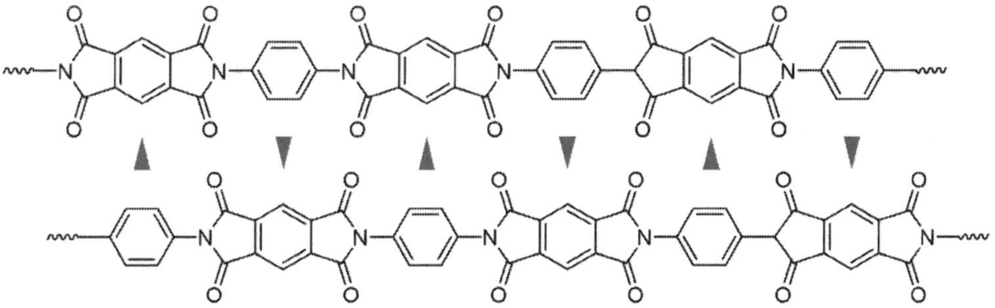

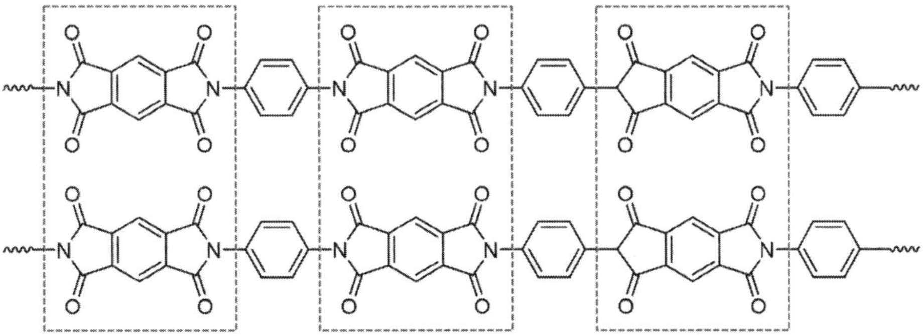

〈그림 12〉 방향족 폴리이미드의 사슬 간 상호작용 메커니즘

그러나 실제 이러한 완전한 배열은 몇 반복단위 이상은 일어나지 않으므로

두 형태의 상호작용 중 하나가 방향족 폴리이미드에서 우세하며, 이 상호작용은 주로 산이무수물의 전자 친화력(electron affinity)과 디아민의 전자 공유도 (electron availability)에 의존적이다.

〈그림 13〉은 전자 친화력과 전자 공유도의 몇 가지 예를 나타내고 있다. 비록 이 값들이 직접적으로 고분자 주쇄에 적용될 수는 없지만 그들의 상대적인 크기는 중요하다. 즉 PMDA(a)로부터 유도된 단위는 ODPA(e)로부터 유도된 단위보다 전자가 풍부한 디아민 유도체와 상호작용하려는 경향이 클 것이다. 같은 논리로 ODA(c′) 유도체는 PDA(a′) 유도체보다 전자가 부족한 방향족 산이무수물 유도체와 상호작용을 하려는 경향이 클 것이다.

전자기적 인력이 방향족 폴리이미드에 중요히 작용한다는 가정하에 미 항공우주국 Langley 연구센터는 thermoplastic flow를 개선하고 색상을 감소시키고 용해도를 증가시키며 유전상수를 낮추기 위해서 이 상호작용을 감소시키는 방향으로 많은 연구를 수행하였는데, 이러한 사슬-사슬 간 전자기적 인력을 줄이기 위한 방법으로 ortho나 meta 연결로 주쇄에 kink 구조를 도입하거나 디아민에 전자 받개 치환체 또는 산이무수물에 전자 주개 작용기를 도입하거나 사슬을 따라 bulky한 치환체을 도입하는 방법 등이 있다. kink 구조나 bulky한 치환체는 사슬-사슬 간 충진을 어렵게 하고 엔트로피를 증가시켜 사슬 간 상호작용을 감소시킨다.

이러한 기술들이 올바른 배합을 함으로써 폴리이미드의 고유한 특성인 유리전이온도(T_g, glass transition temperature), 열 안정성, 기계적 강도를 희생하지 않고 보다 좋은 유동성, 낮은 색상 등 원하는 특성을 구현할 수 있도록 할 것이다.

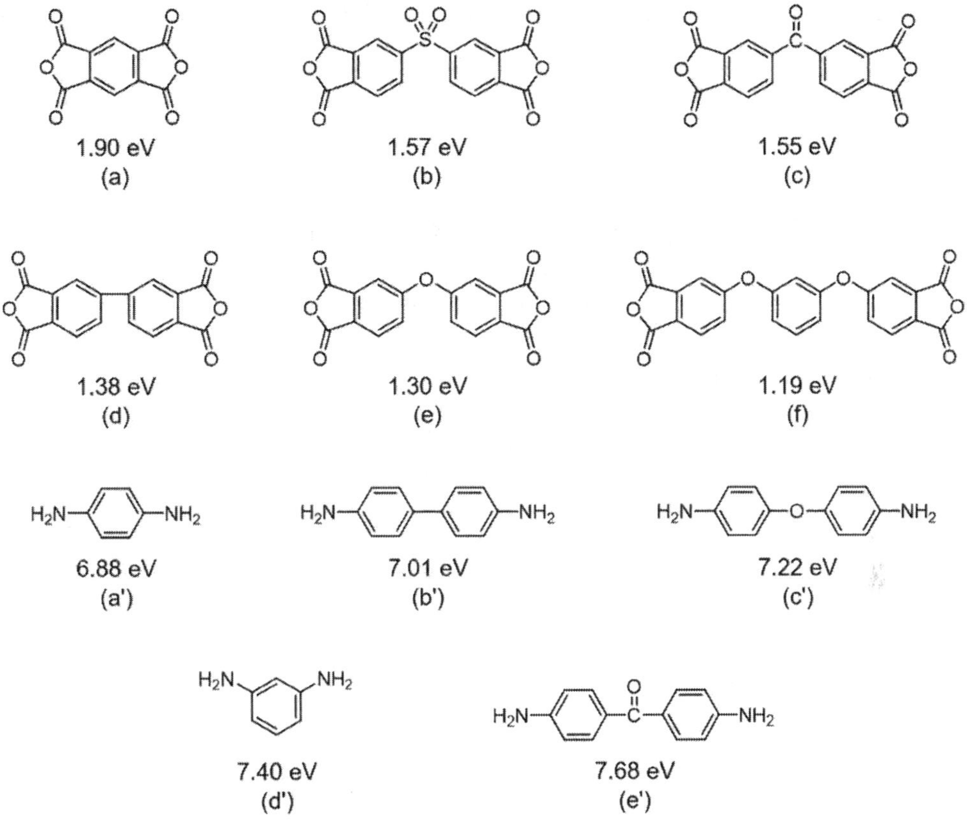

〈그림 13〉 대표적인 산이무수물의 전자 친화도 및 디아민의 이온화 전위

3.2. 용해성

열역학적 관점에서 용해도는 혼합 자유 에너지($\triangle G_m$)에 근거를 두고 있다. 두 성분이 혼합되어 용액을 형성하기 위한 열역학적 조건은 일정한 온도와 압력 하에서 반드시 혼합물의 Gibbs 자유 에너지가 각각 성분의 Gibbs 자유 에너지보다 작아야 한다.

$$\triangle G_m = G_{용액} - (G_{성분1} + G_{성분2}) < 0 \tag{1}$$

따라서 Gibbs 자유 에너지의 차(ΔG_m)는 용액의 엔탈피의 차(ΔH_m)와 엔트로피의 차(ΔS_m)로 아래와 같이 정의된다.

$$\Delta G_m = \Delta H_m - T\Delta S_m \qquad (2)$$

ΔG_m = 혼합에 따른 Gibbs 자유 에너지의 변화

ΔH_m = 혼합으로 인한 엔탈피의 변화

T = 절대 온도

ΔS_m = 혼합으로 인한 엔트로피의 변화

두 가지 물질이 상호 용해된다면 ΔG_m은 음수가 되며, 용해 과정은 ΔG_m이 0인 평형상태까지 반응이 진행된다. T는 정의에 의해 양수가 되어야 하고, 용해 과정 동안 엔트로피 변화는 일반적으로 양의 부호를 띤다(용액에 용해되었을 때 사슬은 더욱 무질서해진다). 한 가지 가능한 예외에는, 용액에서 사슬이 결정으로 구조화되는 유방성(lyotropic) 액정 고분자가 있다. 양수들의 곱($T\Delta S_m$) 앞에 음의 부호가 있으므로 식 (2)의 세 번째 항($-T\Delta S_m$)은 용해도를 높게 해 준다. ΔH_m는 양이나 음의 부호를 띨 수 있다. ΔH_m이 양수이면 용매와 고분자가 "각자 스스로 존재하는 것을 더 선호함"을 뜻하는데, 이는 순수한 물질이 혼합 용액보다 더 낮은 에너지 상태에 있다는 것이다. 반면에 ΔH_m이 음수이면 용액이 더 낮은 에너지 상태에 있다는 것을 나타낸다. 후자의 상황이 적용된다면, 용해는 자발적으로 일어날 것이다. 용매와 고분자의 분자 사이에 수소 결합과 같은 특정 상호작용이 형성될 때, ΔH_m는 보통 음의 값을 갖는다. 하지만 ΔH_m가 양의 부호를

띤다면, 고분자가 용해되기 위해서는 $\Delta H_m < T\Delta S_m$가 반드시 성립해야 한다.

따라서 용해성 폴리이미드를 합성하기 위해서는 ΔG_m를 감소시키는 것이 필수적이다. 유기용매에 녹는 폴리이미드의 분자구조를 설계하기 위해서는 다음의 세 가지 전략이 있다. (1) bulky한 치환체 도입(고분자 사슬 간의 상호작용 저하), (2) kink한 결합이나 비평면적인 구조 도입(고분자 사슬 간의 응집 제한), (3) 용매와 강한 친화성을 갖는 작용기 도입(용매와 상호작용 증가).

(1), (3)번 방법은 ΔH_m를 감소시키며 (2)번 방법은 ΔS_m를 증가시킨다. 폴리이미드의 경우 분자 간 사슬 쌓임의 자유 에너지가 매우 높은데, 이는 주사슬이 매우 강직하여 고분자 용액의 엔트로피를 감소시키는 동시에 폴리이미드는 전하전이 복합화를 포함한 강한 정전기적 작용을 형성하여 고분자 용액의 자유 에너지를 감소시킨다. 이로 인하여 일반적인 폴리이미드는 유기용매에 난용해성을 보인다. 식 (2)에서의 ΔH_m은 Hildebrand에 따르면 아래의 식 (3)과 같이 계산된다.

$$\Delta H_m \approx \Delta E = \Phi_1 \Phi_2 (\delta_1 - \delta_2)^2 \, [=] cal/cm^3 \, soln \qquad (3)$$

ΔE = 용액의 단위 부피당 내부 에너지 변화

Φ_i = 성분의 부피 분율

δ_i = 용해도 계수(solubility parameter)

위 식 (3)에서 $\delta_1 = \delta_2$ 일 경우 $\Delta H_m = 0$ 되므로 성분 1과 성분 2는 상호 용해성을 갖게 된다. 그러므로 두 성분의 용해도 계수의 차가 작을수록 용해될 확률이 커지게 된다. 용해성 계수는 아래와 같은 식 (4)로 계산된다.

$$\delta = \left(\frac{E_{coh}}{V}\right)^{1/2} \qquad (4)$$

E_{coh} = 응집 에너지

V = 분자의 부피

많은 액체와 고분자의 응집 에너지(cohensive energy)는 분산력(dispersion force), 쌍극자(polar) 작용기 간의 상호작용, 수소 결합에 의해 영향을 받으므로 용해도 계수는 아래와 같이 세분화할 수 있다.

$$\delta_1^2 = \delta_d^2 + \delta_p^2 + \delta_h^2 \qquad (5)$$

δ_d = 분산력에 의한 용해도 계수($MPa^{1/2}$)

δ_p = 극성력에 의한 용해도 계수($MPa^{1/2}$)

δ_h = 수소 결합에 의한 용해도 계수($MPa^{1/2}$)

가장 먼저 용해도 계수를 구하는 방법은 Beerbower 등에 의해서 시도되었다. 이 방법에서는 수소 결합 수를 통해 수소 결합 에너지를 구하고 다양한 유기 용매에 대하여 종축을 수소 결합 수로 하고 횡축에 용해도 계수(δ)로 하는 그림을 도시하였으며, 그 결과 주어진 고분자에 대해 용해성을 갖는 모든 용매가 일정한 영역 내에 분포하고 있음을 알 수 있었다. Crowley 등은 Beerbower 방법에 쌍극자 모멘트를 포함하여 이 방법을 확장 시켰으나, 실용적이지 못하여 Hansen에 의해 발전되었다. Hansen은 많은 수의 고분자 용해도 계수를 실험적으로 결정하였다. 이 방법에서는 모든 용매는 고분자의 분산력(dispersion, van der Waals 또는 London 힘)으로 인한 ΔE_d, 영구 쌍극자 상호작용 (permanent dipole interaction)으로 인한 ΔE_p, 수소 결합으로 인한 ΔE_h 힘을 세 축으로 하는 공간에 한 점으로 결정되며, 고분자의 δ_d, δ_p, δ_h는 용해 영역의 중심의 값을 좌표로 결정된다.

3.3. 광학 특성

1970년대 초 방향족 폴리이미드의 착색은 고분자 사슬 중의 방향족 산이무수물 기반 전자 받개, 방향족 디아민 기반 전자 주개로 형성되는 분자 내, 분자 간 전하 이동 착물의 형성이 원인으로 보고되었다. 이는 이미드 주 사슬 내에 존재하는 벤젠의 π-전자들이 사슬 간의 결합에 의해 발생되는 강한 전하 전이 복합화 이론으로 설명이 가능하며, 이미드 구조 내에 σ-전자, π-전자, nonbonding 비공유 전자쌍이 존재하므로 전자의 여기가 가능하게 된다. 그리고 π-전자 전이로 보게 되면, 공명 구조의 수가 증가할수록 π-전자의 전이가 쉬워지므로 에너지 준위는 낮아지고 그에 따라 고파장 즉, 가시광선 영역의 빛을 흡수하게 된다. 물의 경우에는 190nm 이하의 고에너지 파장을 흡수하게 되어 투명하며, 일반적인 폴리이미드의 경우에는 400nm 이하의 파장에서부터 500nm 사이의 빛을 흡수하게 됨에 따라 그의 배색인 황색 적갈색을 띠게 되는 것이다.

방향족 폴리이미드의 전하 이동 착물의 형성에 의한 착색의 교환이 내열성과 역학적 성질 등의 고성능 특성을 발현할 수 있게도 한다. 고성능화 설계로는 전하 이동 착체화를 강하게 하고, 무색·투명 고분자 기능 설계를 위해서는 전하 이동 착체화를 억제하면 된다. 구체적으로는 방향족 폴리이미드의 평면적인 구조를 비평면 구조나 정렬하기 어려운 구조로 하는 것에서 시작되었다. 또한 (1) 방향족 고리의 전자 밀도를 저하시키는 전자 흡인성 치환기의 도입, (2) 방향족을 지환족에, 비방향족의 투명화의 개념을 도입하게 된다.

전방향족 폴리이미드는 기존의 투명성을 의식하지 않고 착색하던 Kapton형 유색 폴리이미드의 흡수 단파장은 400~430nm였으며, 보다 색상이 옅은 Ultem형 폴리이미드에서도 350nm이다. 전하 이동 착물 형성의 억제를 통한 투명성 기능 설계는 광 투과율 향상과 흡수 단파장을 단파장 쪽으로 이동시킬 수는 있지만 330nm가 한계이다. 방향족·지환족에서 소위 반방향족 폴리이미드는 지환족의 도입으로 광 투과율도 향상되고 흡수 단파장은 치환 벤젠의 B 흡수단의 파장 한계 280~290nm까지 단파장 측으로 이동시킬 수 있다. 그러나 지환족 구조에 산이무수물을 이용한 경우의 흡수 단파장은 약 280nm, 디아민은 약 320nm와 단파장 이동의 효과에 현저한 차이가 인정된다. 전지환족 폴리이미드에서는 투명 폴리이미드의 이상적 구조로서 굴절률의 저하로 광 투과율을 향상시키고 흡수 단파장은 230nm까지 단파장화될 수 있지만, 280nm에 이미드 카보닐의 n→π 전이에 의한 흡수는 불가피하다.

3.4. 유전 특성

3.4.1. 유전체

유전체란 외부에서 정전기장을 가하였을 때, 전기편극은 생기지만 직류전류는 생기지 않도록 하여 정전용량을 증가시키는 물질을 말한다. 이는 1837년 Faraday가 콘덴서의 극판 사이에 절연체를 끼우면 전기용량이 증가하는데, 절연체의 유무에 따른 전기용량의 비는 그 절연체의 종류에 따라 결정된다는 것에서 부터 발견한 현상이다. 이러한 현상을 나타내는 메커니즘은 자성체의 자기화와 같이 전기장에 놓인 유전체 내부의 무극성 분자에서는 분자 내의 양과 음의 전하가 어긋나고, 극성 분자에서는 다음 〈그림 14〉에서 도식화한 바와 같이 쌍극자 모멘트의 방향이 가지런해지면서 물질 전체적인 측면에서 보면 전기 쌍극자 모멘트를 형성하여 주위의 전기장을 어느 정도 상쇄시키기 때문에 일어난다.

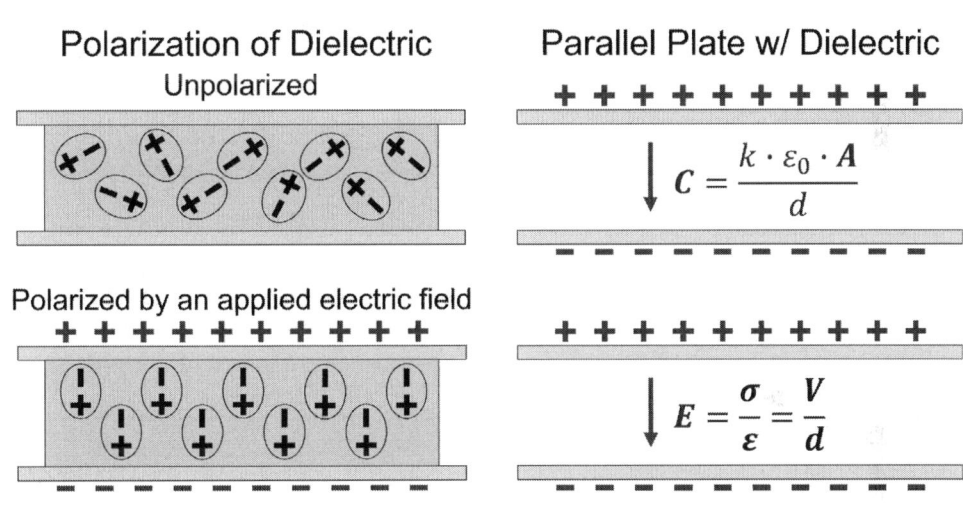

〈그림 14〉 자기장 내 유전체의 분극 현상

유전체는 전기를 저장할 수 있는 성질을 가지는 물질이지만 전기장이 흐를 때 정상 전류가 흐르지 않는다는 점에서 전기적으로 부도체를 의미하는 물질이라고도 할 수 있다. 이 물질은 반도체 칩의 층간 물질로 사용되어 전기적으로 도체인 금속 배선들 사이를 차단하고 트랜지스터의 기본 구성단위를 뜻하는 게이트를 절연시킴으로써 전기가 흐를 때 여러 전기적 특성의 저하를 막는 절연체 역할을 한다.

3.4.2. 유전상수

유전체를 도체 극판 사이에 넣었을 때와 넣지 않았을 때의 전기용량(C)의 비율을 물질의 유전상수(k, dielectric constant)라고 한다. 이는 전기장에 영향을 미치는 유전체의 성질을 나타내는 기본상수를 말하며 다음과 같이 나타낸다.

$$k = \frac{C}{C_0} = \frac{\epsilon}{\epsilon_0} \qquad (6)$$

ϵ = 유전체의 유전율

ϵ_0 = 진공에서의 유전율($8.854 \times 10^{-12} F/m$)

위의 식 (6)에서 알 수 있듯이 특정 공간에서 유전상수가 크다는 것은 전기용량 역시 크다는 의미를 가지므로, 소형화된 캐패시터로 적용시키기 위해서는 높은 유전상수의 재료일수록 유리하다. 반면, 층간 절연물질로 사용하기 위해서는 유전율이 낮아야 효과적인 절연성을 나타내므로 낮은 유전상수를 목표로 개발해야 한다.

3.4.3. 저유전체

저유전체란 칩 내에 흐르는 전기를 저장하는 용량이 작은 물질을 말하며, 일반적으로 반도체 칩의 층간 절연물질로 사용될 수 있는 4.0 이하의 낮은 유전상수를 갖는 절연물질을 말한다.

전자 산업의 발달과 전자제품의 고성능, 경량화 및 소형화의 경향으로 전자 및 반도체 부품의 고속화 실현을 위해 반도체 칩 안에 저유전체(low-k 물질)의

필요성이 크게 대두되었다. 전자제품의 소형화의 실현을 위해 소자들의 집적도가 높아지고, 이에 따라 소자 내 배선 구조의 기하학적 크기는 점차 감소하게 되면서 여러 문제점들이 발생하게 된다. 이 중 가장 큰 문제점은 회로 내에서 일어나는 신호 속도 지연 현상이다. 소자 내의 배선 구조는 금속 배선과 배선들 사이에 층간 절연물질이 포함된 구조로 구성되어 있는데, 이들 배선 구조의 크기가 감소됨에 따라 배선 재료의 저항이 증가하고 층간 절연물질의 기생 정전용량의 증가를 억제하기 위한 저유전상수를 갖는 층간 절연물질의 개발이 절실히 요구되고 있다.

3.4.3.1. 신호 지연

층간 절연물질로 사용된 유전체를 포함하는 다층 배선 구조는 다음 〈그림 15〉와 같이 나타낼 수 있다. 이때, 유전체는 금속 배선 층간의 전하를 저장할 수 있는 캐패시터의 성질을 띠게 된다.

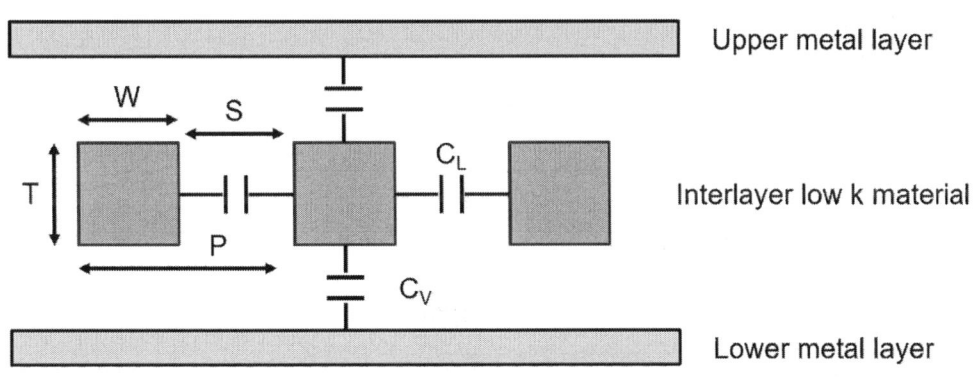

〈그림 15〉 반도체의 다층 배선 구조

일반적으로 반도체의 배선 구조에서 신호 지연 현상은 금속 배선의 저항(R)

과 층간 유전체의 정전용량(C)에 의해 일어나므로 RC 지연이라고 한다. 층간 유전체의 간격 P는 유전체의 폭 W와 유전체 사이의 거리 S의 합으로 나타내며, 이들을 이용한 신호 지연 현상에 근거하는 배선의 저항 R에 대한 관계식은 다음과 같다.

$$R = \frac{2\rho L}{PT} \tag{7}$$

ρ = 금속 배선의 비저항

L = 금속 배선의 길이

T = 층간 유전체의 높이

신호 지연 현상에 근거하는 다른 요소인 층간 유전체의 정전용량에 대한 관계식은 측면 정전용량(lateral capacitance) C_L과 수직 정전용량(vertical capacitance) C_V를 통해 다음과 같이 정의할 수 있다.

$$\begin{aligned} C &= 2(C_L + C_V) \\ &= 2(\kappa\epsilon_0 \frac{TL}{(P/2)} + \kappa\epsilon_0 \frac{(P/2)L}{T}) \\ &= 2\kappa\epsilon_0(\frac{2LT}{P} + \frac{LP}{2T}) \end{aligned} \tag{8}$$

위 두 식으로부터 RC 지연 상수는 다음과 같이 나타낼 수 있다.

$$RC = 2\rho\kappa\epsilon_0 L^2(\frac{4}{P^2} + \frac{1}{T^2}) \tag{9}$$

위 식에 근거하여 금속 배선으로 주로 사용하였던 알루미늄을 비저항이 더 낮은 구리로 대체함으로써 RC 신호 지연을 약 35%의 감소를 보였고, 층간 절연막 재료는 현재 주로 상용되고 있는 이산화규소(k = 3.9~4.2)를 다른 재료로 대체한다면(예를 들어, k = 1인 유전체를 사용하게 되면), 약 75%의 RC 신호 지연의 감소를 실현할 수 있다.

따라서 비저항이 낮은 금속 배선물질과 저유전상수를 가진 유전체를 사용함으로써 RC 신호 지연을 감소시킬 수 있으며, 이에 따라 소자의 성능이 향상될 수 있다.

3.4.3.2. 상호 신호 간섭

상호 신호 간섭(cross-talk)이란 금속 배선을 통해 전달되는 신호가 층간 유전체의 정전 유도(capacitive induction)에 의해 이웃한 금속 배선으로 누설되는 것을 말하며, 이는 시스템 상의 노이즈를 일으키게 된다. 다시 말하면, 신호가 전달되면서 금속 배선이 전압(V)의 스윙(voltage swing)을 겪을 때, 상호 신호 간섭 현상으로 인해 노이즈(ΔV)가 발생하며, 정규화된 노이즈(normalized noise)는 층간 유전체의 정전용량에 비례한다. 이들의 관계는 다음과 같이 나타낼 수 있다.

$$\frac{\Delta V}{V} \propto C_L \propto k \qquad (10)$$

따라서 저유전상수를 갖는 층간 유전체를 사용함으로써 상호 신호 간섭에 의한 노이즈 발생을 방지할 수 있어 회로 밀도를 증가시킬 수 있으므로 궁극적으로 소자의 고집적화 및 소형화가 가능하게 된다.

3.4.4. 박막의 구조와 유전 특성

3.4.4.1. 고분자의 분극률 감소

유전체의 에너지 저장 정보는 분극의 정도에 따라 결정이 된다. 다시 말해, 외부 전기장에 따라 전하들이 분리되는 현상에 의해 전기용량이 증가된다.

일반적으로 분극화는 양전하와 음전하로 구성된 분자들에 의해 생긴다. 전기장이 분자에 가해지게 되면 양전하는 전기장 방향으로 배열되고, 음전하는 전기장의 반대 방향으로 배열되는데, 이 효과가 분자를 분극화 시킨다.

전하를 띠는 물질들이 재배열하는 분극 현상은 다음 〈그림 16〉에서 나타낸 바와 같이 전자 분극(electronic polarization), 이온 분극(ionic polarization), 쌍극자 분극(dipole polarization)으로 구분된다.

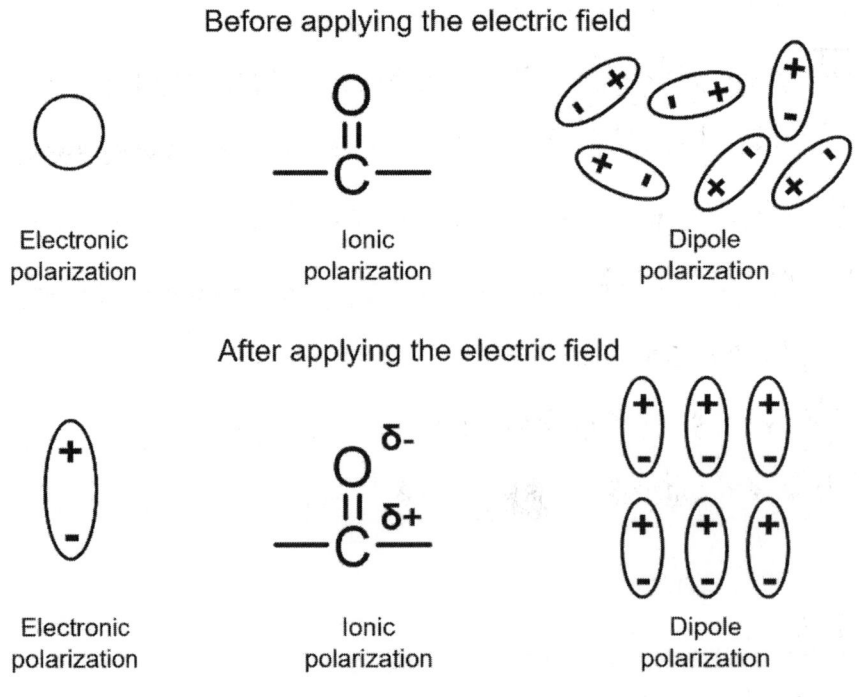

〈그림 16〉 전기장에 따른 분극 현상

전자 분극은 각각의 이온이나 원자들이 전기장에 의해 개별로 분극이 되는 것에 기인한다. 이온 분극은 이온결합을 이루고 있는 분자가 전기장에 의해 이온결합의 스트레칭이 일어나 이온결합 사이의 길이가 변화되어 전체적인 쌍극자 모멘트가 생성되면서 일어나는 현상이다. 쌍극자 분극은 분자가 전기장이 없어도 모멘트(permanent momnet)를 가지고 있어 전체적인 쌍극자 모멘트를 생성하는 것에 기인한다.

일반적으로 유전체의 유전상수는 다음과 같이 위의 세 가지 분극에 의한 성분으로 나타낼 수 있다.

$$k = \epsilon_{electronic} + \epsilon_{ionic} + \epsilon_{dipole} \qquad (11)$$

여기서 $\epsilon_{electronic}$은 어느 물질에서든 항상 존재하고, ϵ_{ionic}과 ϵ_{dipole}은 물질에 따라 변하게 된다.

이러한 분극현상들은 각 주파수 대역에 따라 영향을 받는 영역이 달라진다. 따라서 유전상수는 고분자의 교류 전기장의 진동에 대해 분극 방향을 빠르게 유지하는 분극 능력이 있는 분자의 정도에 따라 달라진다. 광 주파수에서는 가장 낮은 질량을 가지는 전자만이 분극을 나타내며, 낮은 주파수에서는 더 무겁고 더 느리게 움직이는 핵의 분극 또한 유전상수에 기여한다.

그러므로 저유전상수를 도입하기 위해서 위와 같은 분극현상을 줄일 수 있도록 고분자에 전기적 극정이 낮은 치환체를 적용하는 것이 중요하다.

3.4.4.2. 고분자 내의 자유 체적 증가

고분자의 자유 체적의 도입은 앞서 설명한 ϵ_{atomic}과 $\epsilon_{dipolar}$의 값을 낮아지게

함으로써, 단위 부피 당 극성 그룹의 수를 감소시킨다. 유연성이 있는 굽은 구조, 큰 부피를 가지는 치환체 등의 치환기를 도입하거나 기공 ($k \approx 1$)을 도입함으로써 사슬 쌓임 밀도와 관련되는 고분자의 자유 체적을 증가시켜 평균 유전율을 낮출 수 있다.

저유전화를 달성하기 위한 연구 배경이 되는 대부분의 방법은 위의 두 접근 방법을 병합하여 분자를 설계하는 방법이다. 예를 들면, 전기음성도가 큰 불소 원자기를 포함하는 치환체를 도입하는 경우 낮은 전기적 극성으로 인해 효과적으로 상당히 낮은 유전상수를 나타내는 동시에 자유 체적을 증가시키는 효과가 나타난다. 또한, 폴리이미드의 단점 중의 하나인 흡습률을 낮출 수 있다. 그러나 이 경우, 기계적 성질이 상대적으로 약해지고 열팽창계수가 커지게 되어 잔류응력(residual stress)이 증가한다는 단점이 있다. 따라서 다른 물성을 최대한 유지하면서 저유전율을 달성할 수 있는 조건을 찾아 분자를 설계하는 것이 중요하다.

3.5. 잔류응력

3.5.1. 박막의 잔류응력 및 열 응력

잔류응력은 외부에 인위적인 힘(external force)이 작용되지 않았을 때 발생하는 응력을 총칭한다. 기판 위에 폴리이미드 박막을 코팅하게 되면, 각 층간의 물리적인 부조화로 인하여 잔류응력이 발생하게 되고 경계면에서는 반지름 R을 가지는 곡률이 생기게 된다 (〈그림 17〉).

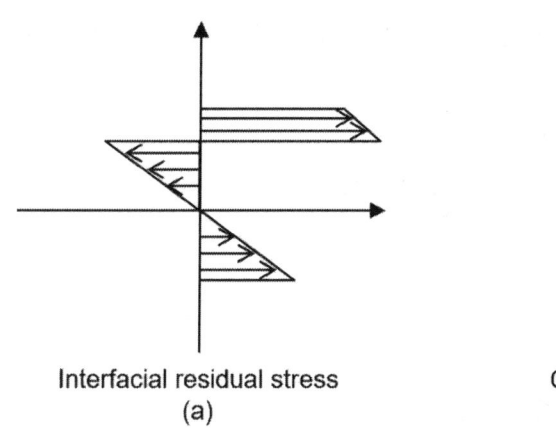
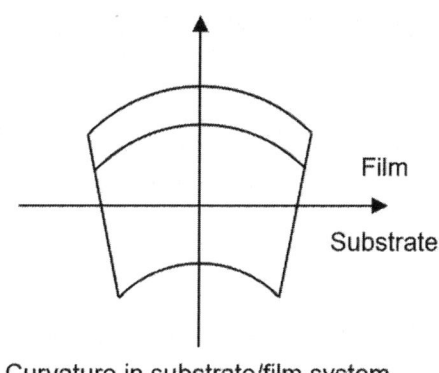

〈그림 17〉 계면 잔류응력(a)과 기판/박막 계의 곡률 변화(b)

가열 중 최대 응력은 기판과 고분자 사이의 경계면에서 발생하게 되며, 이는 축 방향 힘(axial force)에 의한 것과 굽힘(bending)에 의한 것으로 이루어져 있다. 기판/박막 계에 어떠한 외력도 작용하지 않았을 때 시편의 단면적에 걸친 모든 힘은 평형상태에 있어야 하고, 이를 이용하여 잔류응력 계산에 널리 쓰이는 다음의 Stoney 식을 유도할 수 있다.

$$\sigma_f = \frac{1}{6} \frac{E_s}{(1-v_S)} \frac{t_s^2}{Rt_f} \qquad (12)$$

E_s = 기판의 Young's modulus

v_s = 기판의 Poisson's ratio

t_s = 기판의 두께

t_f = 박막의 두께

R = 잔류응력에 의하여 생기는 곡률의 반경

$\frac{E_s}{(1-v_S)}$ = Biaxial modulus로 등방탄성(isotropic elastic) 물질의

biaxial 평면에서 두 주축으로의 변형이 기판/박막 계면에 평행하게 생겼을 때의 응력과 관련하는 복합 탄성상수(composite elastic constant)

고분자 박막이 기판 위에 코팅된 경우에 잔류응력은 고유 응력(intrinsic stress)와 열 응력(thermal stress)의 두 가지 다른 성분으로 구성된다. 고유 응력은 박막과 기판의 열팽창 계수 차이에 의하여 발생하는 열 응력을 제외한 모든 원인에 기인하여 발생하는 응력이다. 이것은 일반적으로 박막의 오염이나 결함, 용매 증발에 의한 두께나 부피 감소, 불완전한 구조 배열 과정 등의 공정에 관련된 요소에 의하여 생성된다. 한편, 열효과는 잔류응력에 가장 큰 영향을 미치는데, 높은 온도에서 처리된 박막이나 코팅이 상온으로 냉각될 때 열 응력이 생성된다. 열 응력은 기판 및 박막의 열팽창계수 α, 박막의 Young's modulus E, Poisson's ratio v, 그리고 냉각 정도 $\Delta T = (T_f - T)$에 의존하며, 다음의 식으로 표현될 수 있다.

$$\sigma_t = (\alpha_f - \alpha_s)(T_f - T)\frac{E_f}{(1-v_f)} \qquad (13)$$

T_f = 박막 열처리의 최종 온도

T = 곡률이 측정되어지는 온도

만약, 열처리 최종 온도가 고분자 막막의 유리전이온도 이상인 경우 T_f는 유리전이온도이다.

폴리아믹산의 경화 공정에서는 화학 반응과 함께 질량 변화가 수반되기 때문에 고유 응력과 열 응력에 관한 정확한 이해가 힘들다. 이미드화 과정 중의 잔류응력 변화는 잔류용매나 반응으로 인하여 생성되는 수분과 같은 부산물의 제거에 의한 질량 변화와 더불어 이미드화 반응에 의한 구조의 변화, 그리고 변화하는 화합물의 조성 및 열적, 기계적 성질 등의 복합적인 원인에 기인한다. 고온에서 완전히 이미드화된 폴리이미드 박막의 열 응력은 독립적으로 측정된 modulus 및 열팽창계수에 의하여 위의 식으로 계산할 수 있으며, 고유 응력은 곡률 측정으로부터 계산된 잔류응력과 열 응력의 차로써 얻을 수 있다.

3.5.2. 수분 확산에 의한 박막의 잔류응력 완화

폴리이미드 박막에 있어서 박막 내의 수분은 금속 부식이나 접착 성질의 약화 그리고 유전성의 저하 등의 신뢰성 문제를 일으킬 뿐만 아니라 웨이퍼 (wafer) 위에 코팅된 고분자의 잔류응력을 완화시킨다. 실리콘 웨이퍼 위에 코팅되어있는 폴리이미드계가 주위의 수분에 의하여 완화되는 잔류응력은 〈그림 18〉과 같이 두께 L을 가지는 평판에서의 비정상상태의 확산으로 간주될 수 있고, 물질 확산에 대한 Fick의 제2법칙을 이용하여 정량적으로 표현될 수 있다.

$$\frac{\partial \sigma_f}{\partial t} = D \frac{\partial^2 \sigma_f}{\partial x^2} \qquad (14)$$

σ_f = 시간 t와 박막 표면에서 두께 방향으로의 거리 x에서 고분자 박막의 잔류응력

D = 수분에 의한 고분자 박막의 잔류응력 완화계수(relaxation coefficient), 단위는 cm^2/s

위의 편미분 방정식의 해는 계의 초기 조건과 경계조건에 의존한다. 초기에 완전히 건조되어 일정한 응력을 갖는 폴리이미드 박막이 순간적으로 일정한 상대

습도를 갖는 주위와 접하였을 경우 수분과 접하는 표면 응력은 일정하고 실리콘 웨이퍼와 접하는 면에서는 응력 플럭스가 없다는 초기 경계조건이 설정된다. Fick의 제2법칙을 이 초기 및 경계조건에 대하여 풀면 다음의 식이 얻어진다.

$$\sigma_f(t) = \sigma_0 - \Delta\sigma[1 - \frac{8}{\pi^2}\sum_{n=0}^{\infty}\frac{1}{(2n-1)^2}\exp\frac{\pi^2(2n-1)^2}{4L_f^2}Dt] \quad (15)$$

$\sigma_0 = $ $t = 0$에서의 초기 잔류응력

$\Delta\sigma = $ $t = 0$과 $t = \infty$에서의 잔류응력의 차이

$D = $ 잔류응력 완화계수

$L_f = $ 박막의 두께

시간에 따른 잔류응력 완화 거동이 이 식을 따르면, 이때의 거동을 Fickian 형태라고 하며 fitting 과정을 통하여 잔류응력 완화 계수를 구할 수 있다. Fickian 형태의 잔류응력 완화곡선은 다음과 같은 특성을 나타낸다.

(1) 초기 단계에 $\sqrt{t}$에 관하여 선형이다.

(2) 선형인 구간 이상에서는 $\sqrt{t}$에 대하여 위로 볼록하다.

(3) 초기 잔류응력 σ_0와 최종 잔류응력 σ_∞이 고정되었을 때, 일련의 두께가 다른 박막의 곡선이 $\sqrt{t}/L$에 대하여 환산된 경우 단일 곡선으로 겹치게 된다.

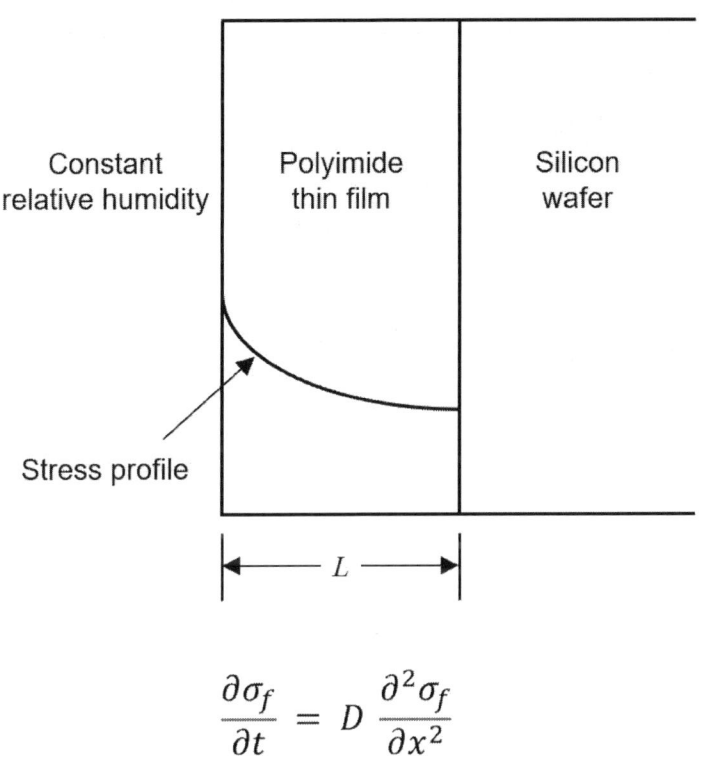

$$\frac{\partial \sigma_f}{\partial t} = D \frac{\partial^2 \sigma_f}{\partial x^2}$$

I.C.   : $t < 0$ $0 \leq x \leq L$ $\sigma = \sigma_i$
B.C.   : $t \geq 0$ $x = 0$ $\sigma = \sigma_0$
                      $x = L$ $\frac{\partial \sigma}{\partial x} = 0$

〈그림 18〉 실리콘 웨이퍼/폴리이미드 박막 계에 대한 수분 확산에 의한 잔류응력 완화 거동

3.5.3. 박막의 잔류응력 거동 측정

폴리이미드 박막의 잔류응력은 〈그림 19〉와 같은 박막 잔류응력 및 휨 분석 시스템(TFSA, thin film stress analyzer)을 사용하여 측정할 수 있다.

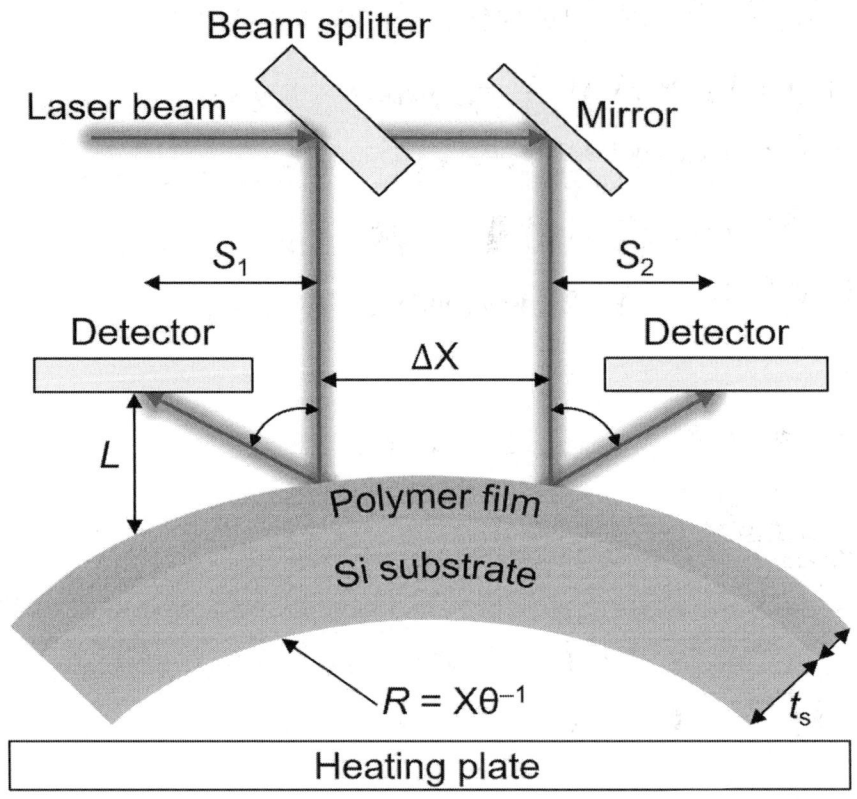

〈그림 19〉 박막 잔류응력 및 휨 분석 시스템 모식도

기판과 박막의 곡률의 반지름 R을 알기 위해서는 휘어진 각도 $\Delta\theta$를 알아야 하고 반사된 레이저 빔이 벗어나는 정도인 S_1과 S_2를 알아야 한다. 이때, 실제 기판이 완전히 평평하지 않기 때문에 그에 대한 보정을 해주어야 한다. 즉, 박막 부착 후에 유도된 곡률의 각도 $\Delta\theta_2$는 기판 자체의 곡률 각도 $\Delta\theta_1$과 박막에 의해서만 발생되는 각도인 $\Delta\theta$가 더해진 것이다. 여기에서 실제 박막에 의해서만 발생되는 곡률의 반지름 R을 구할 수 있다. 이렇게 해서 얻어진 R을 Stoney 식에 대입하면, 그 박막에 대한 잔류응력을 구할 수 있다.

3.5.4. 박막 잔류응력 및 휨 분석 시스템의 구성

레이저 빔은 두 개의 평행한 빔으로 갈라져 측정되어야 할 기판의 표면으로 향하게 한다. 반사된 빔의 각도는 왼편과 오른편 양편의 position sensing detector에 의해 측정되어 computer memory에 저장된다. 박막이 부착되어 박막 응력에 의해 휘어진 기판은 평행한 빔을 반사하여 빔의 위치가 옮겨지는 것이 관찰된다. 이로부터 기판의 반지름 변화를 계산할 수 있게 되어 고분자 박막과 기판 층 사이의 응력을 구할 수 있다. 전체 계의 작동, data acquisition 및 processing은 personal computer에 의해서 이루어진다. 반사되는 빔의 위치를 측정하는 detector는 〈그림 19〉에서 보인 photodiode array를 사용한다.

Detector에서 3, 4번 핀인 cathode를 ground로 하고, 2번 핀(또는 1번 핀)과의 사이에 흐르는 전류와 5번 핀(또는 6번 핀)과의 사이에 흐르는 전류를 측정하여 적당한 gain을 가지는 current to voltage converter를 이용하여 전압으로 바꾼 후 detector로부터의 두 신호의 합과 차를 구한다. 그래서 얻은 차이/합의 값은 레이저 빔이 가리키는 위치에 따라 1에서 -1까지의 값을 가지게 된다. 즉, L이 detector의 sensing active area라 할 때, (차이/합)의 값이 $\Delta X(L/2)$로 대신 사용되어 ΔX가 $+L/2$에서 $-L/2$의 값을 가지게 된다. 이러한 detector를 박막의 양쪽에 놓고 측정한 것이 〈그림 19〉의 S_1, S_2이다. 이렇게 해서 얻을 수 있는 잔류응력은 시간과 온도에 따라 의존하는 값이므로 각각 시간과 온도 변화에 따른 잔류응력 거동을 측정할 수 있다.

3.6. 유리전이온도

사슬을 따라 존재하는 구조적 이성질화에 의해 영향받아 보다 일반적인 구조인 para 연결보다 meta 결합인 경우 유리전이온도가 현저히 낮아진다. 즉, 유리전이온도의 감소는 주쇄의 유연성과 밀접한 관계가 있다. 그러나 ortho 연결은 유리전이온도를 낮추는데 크게 효과적이지 않으며 산이무수물 유도체는 디아민 유도체만큼 유리전이온도에 영향을 주지 않는 것으로 알려져 있다. 이외에 카보닐이나 술폰 같은 극성이 높은 작용기나 단위가 포함되어 고분자 주쇄 구조를 이룰 경우에는 유도 극성으로 인하여 일반적으로 옥시나 메틸렌의 경우보다 높은 유리전이온도를 나타내게 된다.

3.7. 열 산화 안정성

폴리이미드를 구성하는 디아민과 산이무수물 단위의 산화도(oxidation state)와 관련되어 나타난다. 특히 대부분의 산이무수물은 높은 산화도를 가지므로 디아민의 산화 상태가 중요한 요인으로 작용하게 된다. 디아민을 구성하는 연결기로는 주로 카보닐, 술폰, 불화알킬, 메틸렌, 옥시 등의 단위가 있는데, 이중 미치환된 알킬 단위나 옥시 단위가 디아민에 포함되면 열 산화 안정성이 낮은 경향을 보인다. 따라서 디아민 치환체의 개략적인 산화 안정성을 살펴보면, biphenyl 〉 benzophenone 〉 p- 또는 m-phenylene 〉 diphenylether 〉 diphenylmethane이며, 분자량이 높을수록 열 산화 안정성이 높아지는 경향이 있다.

제3장. 폴리이미드의 구조와 특성의 관계

〈표 2〉 폴리이미드의 합성 단량체 구조별 열 특성

Sample	Dianhydride	Diamine	Imidization	T_g (°C)	$T_{d5\%}$ @N_2 (°C)
PMDA/APAB	PMDA	APAB	Thermal	ND	530.9
PMDA/PDA	PMDA	PDA	Thermal	-	576
PMDA/APAB	PMDA	APAB	Thermal	ND	531
PMDA/TFMB	PMDA	TFMB	Thermal	400	589
PMDA/4,4'-ODA	PMDA	4,4'-ODA	Thermal	409	567
s-BPDA/APAB	s-BPDA	APAB	Thermal	ND	534.4
s-BPDA/TPEQ	s-BPDA	TPEQ	Thermal	254	551
s-BPDA/p-TPEQ	s-BPDA	p-TPEQ	Thermal	239	548
s-BPDA/4,4'-ODA	s-BPDA	4,4'-ODA	Thermal	281	569
s-BPDA/p-ODA	s-BPDA	p-ODA	Thermal	270	564
s-BPDA/PDA	s-BPDA	PDA	Thermal	304	596
s-BPDA/TFMB	s-BPDA	TFMB	Thermal	314	571
s-BPDA/CHDA	s-BPDA	CHDA	Chemical	350	499
PIF-420	a-BPDA	p-PDA	Thermal	>450	602.1
a-BPDA/4,4'-ODA	a-BPDA	4,4'-ODA	Thermal	275.8	538
a-BPDA/3,4'-ODA	a-BPDA	3,4'-ODA	Thermal	309.7	532.9
6FDA/TFMB	6FDA	TFMB	Thermal	325	582
6FDA/TPEQ	6FDA	TPEQ	Thermal	264	535
6FDA/p-TPEQ	6FDA	p-TPEQ	Thermal	239	537
6FDA/4,4'-ODA	6FDA	4,4'-ODA	Thermal	282	531
6FDA/p-ODA	6FDA	p-ODA	Thermal	262	535
6FDA/PDA	6FDA	PDA	Thermal	358	535
6FDA/p-PDA	6FDA	p-PDA	Thermal	298	520
6FDA/p,p'-PDA	6FDA	p,p'-PDA	Thermal	N/A	532
H-PMDA/DABA	H-PMDA	DABA	Thermal	>390	442
H-PMDA/t-CHDA	H-PMDA	t-CHDA	Thermal	367	436
H-PMDA/MBCHA	H-PMDA	MBCHA	Thermal	301	453
CBDA/TFMB	CBDA	TFMB	Thermal	356	459
CBDA/DABA	CBDA	DABA	Thermal	-	443
CBDA/APAB	CBDA	APAB	Thermal	-	472
CBDA/M-APAB	CBDA	M-APAB	Thermal	-	469
CBDA/t-CHDA	CBDA	t-CHDA	Thermal	423	437
CBDA/MBCHA	CBDA	MBCHA	Thermal	326	433
CBDA/M-MBCHA	CBDA	M-MBCHA	Thermal	278	416
CBDA/TFMB	CBDA	TFMB	Chemical	350	448
TAHQ/PDA	TAHQ	PDA	Thermal	-	480.7
TAHQ/CHDA	TAHQ	CHDA	Thermal	360	471.3
TAHQ/TFMB	TAHQ	TFMB	Thermal	ND	478.6
TAHQ/ODA	TAHQ	4,4'-ODA	Thermal	320	433.5
TAHQ/APAB	TAHQ	APAB	Thermal	ND	470.6

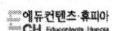

제4장 폴리이미드의 종류 및 산업적 응용

4.1. 감광성 폴리이미드
4.2. 저유전율 폴리이미드
4.3. 무색·투명 폴리이미드
4.4. 열경화성 폴리이미드
4.5. 폴리이미드 섬유

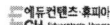

4.1. 감광성 폴리이미드

일반적으로 폴리이미드는 불용성이므로 가공에 어려움이 있어서 용해성의 폴리이미드 전구체인 폴리아믹산을 스핀 코팅한 후 열 경화 공정을 통해 폴리이미드를 얻는다. 그러나 반도체용으로 사용되는 폴리이미드는 이러한 일반적 공정과는 별도로 포토레지스트(PR, photoresist)를 이용하여 패턴을 형성하는 미세가공 공정을 포함하게 된다. 이러한 공정은 매우 복잡하며 폴리이미드의 화학적 안정성 때문에 에칭제에 대한 용해성이 떨어져 미세패턴 형성이 어렵다. 따라서 포토레지스트 특성을 갖는 폴리이미드 전구체나 용해성이 있는 폴리이미드를 사용함으로써 이러한 문제점을 해결할 수 있다. 즉 이러한 감광성 폴리이미드(PSPI, photosensitive polyimide)를 사용할 경우 기존의 폴리이미드 가공 공정을 단순화시켜 간단한 방법으로 미세패턴의 폴리이미드 박막을 제조할 수 있다.

감광성 폴리이미드는 뛰어난 내열성, 전기 절연성, 기계적 특성에 부가하여 가공 공정도 간략화할 수 있는 장점이 있기 때문에 반도체 소자 표면의 보호막이나 고밀도 실장 기판용 절연막으로서 넓게 이용되고 있다. 또 하드 디스크의 자기저항 헤드용 박막 회로 기판의 절연막이나 보호막에도 이용되어 전자 공학 분야에서의 적용 범위가 점차 확대되고 있다.

감광성 폴리이미드가 대규모 집적회로 미세 가공용의 레지스터와 크게 다른 점은 화상 형성 공정에 있어 레지스터와 같은 가공성이 요구됨을 물론이고, 최종적으로 폴리이미드로서 제품에 존재하기 때문에 폴리이미드로서의 피막 특성이 요구된다. 이 때문에 (1) 화상 형성과 관계되는 제반 특성(감도, 해상도, 현상 방식, 이미드화 조건 등)과 (2) 최종적으로 얻는 고분자의 특성(기계적 강도, 전기적 특성, 치수 안정성, 접착성, 순도 등)도 고려해서 분자를 설계해야 한다. 전자의 특성은 감광화라고 하는 기능 설계에 기초하고, 후자는 고분자의 골격에 유래하는 특성으로 감광성 폴리이미드의 분자 설계를 하는 데 있어서는 이 두 가지를 병행하는 것이 극히 중요하다.

지금까지의 감광성 폴리이미드는 빛을 조사하여 광가교 또는 광중합을 일으켜 용해도가 감소하여 현상 후 제거되지 않고 남아 있으며 비노광 부분은 용해되어 제거되는 negative형(가교형) 감광성 폴리이미드가 주로 개발되어 상용화되었다.

초기에 개발된 negative형 감광성 폴리이미드는 폴리아믹산 에톡시메틸 에스테르(PAAE, poly(amic acid ethoxymethyl ester))의 형태로서 가교기를 에스테르 부분에 도입한 공유 결합형과 폴리아믹산 염의 형태로서 가교기를 폴리아믹산에 이온 결합시킨 이온 결합형이 있다. 일반적으로 공유 결합형은 이온 결합형에 비해 해상도가 뛰어난 반면, 이미드화때 산소 농도를 일정 농도 이하로 제어하는 기술이 요구된다. Positive(극성 변화형)형 감광성 폴리이미드가 실용화된 것은 1990년대 말부터이다. 이것은 positive형의 설계가 negative형에 비해 현격히 어려웠던 것이 원인이다.

감광성 폴리이미드는 PMDA와 DAPE를 주성분으로 하는 것이 주류였다. 그러나 노광 파장이 g-선(436nm)으로부터 i-선(365nm)으로 바뀌는 추세에 따라, i-선의 흡수가 큰 상기 조성으로부터 흡수가 작고, 고감도화 후막 가공에 유리한 전자 흡인성이 낮은 산이무수물과 전자 공여성이 낮은 디아민으로부터 제조되는 폴리이미드가 일반적으로 사용되고 있다.

4.1.1. Negative형 감광성 폴리이미드

현재 시판되고 있는 감광성 폴리이미드의 상당수는 〈그림 20〉에서 나타나듯이 폴리아믹산의 카르복실기에 에스터 혹은 이온 결합을 개입시켜 감광기를 도입한 것이다. 이 두 개의 대표적인 감광성 폴리이미드는 광반응성기(methacryl)를 가진다고 하는 점에 있어 구조적으로 유사하지만, 감광 기구에 있어서는 서로 다르다. 에스터 결합을 개입시켜 감광기가 도입된 "에스테르형" 감광성 폴리이미드는 광조사한 부분이 감광기의 가교에 의해 현상액에 불용화되는 negative형의 화상을 준다. 한편, 이온 결합을 개입시켜 감광기가 도입된 "이온 결합형"의 경우는 광조사에 의해 비닐 중합을 개시하는 일없이 우선 폴리아믹산과 증감제(N-phenyldiethanolamine)와의 전하 이동 착물이 형성된다. 이때 생성된 라디칼은 1중항 상태에서 항간 교차해 3중항 상태가 되어 고분자 주쇄 중의 PMDA 부분에서 음이온 라디칼대를 생성한다. 이러한 광조사에 의한 전하 분리가 화상 형성 메커니즘으로 추정된다. 그리고 이 계는 고분자 주쇄 자체가 증감제로서 기능을 하기 때문에 앞의 에스테르형에 비해 고감도이다.

현상액으로서는 NMP 등의 극성 용매와 알코올을 조합한 것이 이용되고 있다. 또한 현상 공정을 거쳐 화상을 형성한 후 최종 단계에서 열처리에 의해 폴리아믹산을 폐환해 폴리이미드로 만든다. 이때 감광성기의 부분은 이탈하여 증발되기 때문에 최종 막 두께는 반 정도로 감소한다.

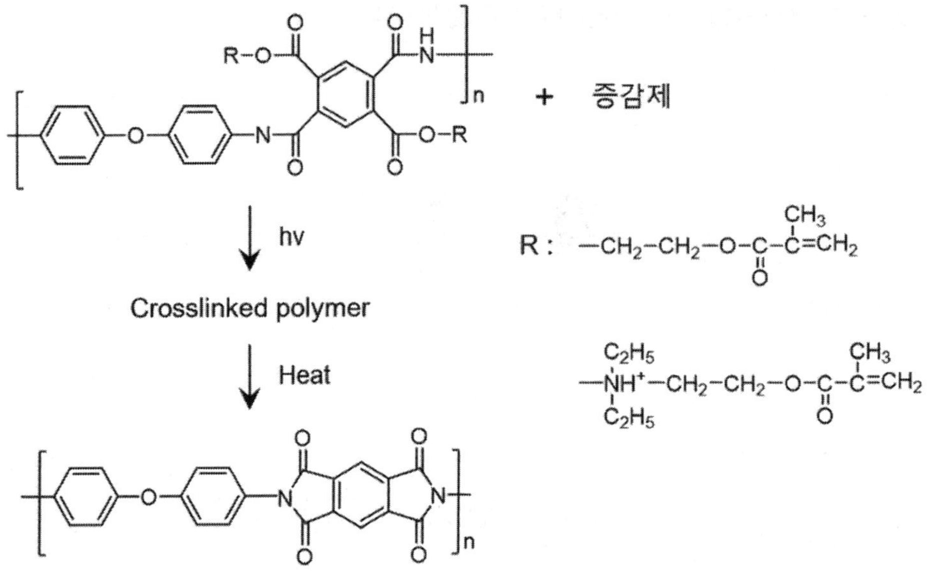

〈그림 20〉 상용 감광성 폴리이미드의 합성 모식도

이것에 대해서 〈그림 21〉과 같이 주쇄 중에 아미드산 부분을 포함하지 않는 감광성 폴리이미드가 보고되어 있다. BTDA와 ortho-위치에 알킬기를 가진 디아민으로부터 합성되는 폴리이미드는 빛을 쬐인 부분이 현상액의 유기 용제에 불용화하는 negative형의 감광성 폴리이미드이다. 이것은 광조사로 생성한 3중항의 벤조페논에 의해 알킬기로부터 수소기를 뽑아내어 계속 생성된 라디칼끼리의 결합에 의해 가교형 고분자가 생성된다. 가용 부분을 제거하는 것만으로 폴리이미드의 화상이 완성되므로 열처리 후의 막 감소가 큰 폭으로 개선된다.

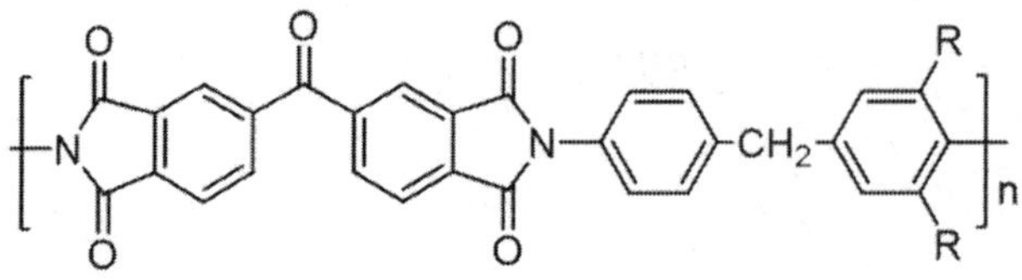

〈그림 21〉 주쇄 중 아미드산을 포함하지 않는 감광성 폴리이미드

4.1.2. Positive형 감광성 폴리이미드

Negative형 폴리이미드와는 반대로 빛에 의해 조사된 부분의 용해성이 증가하여 용매에 녹고 조사되지 않은 부분이 녹지 않은 경우를 이용한 것을 positive형 감광성 폴리이미드라고 하는데, negative형 폴리이미드에 비해 밀착력과 피막이 약하지만 해상력이 좋고 초박막이 가능하며 수성 현상액의 사용이 가능하기 때문에 negative형에 비해 환경적이며, 현상 시에 팽윤에 의한 해상력의 감소를 방지할 수 있는 장점으로 현재 많은 연구가 진행 중이다. 현상 공정은 유기 용제계보다 비용제계인 것이 설비투자나 생산성 면에서 바람직하고 환경적인 시대적 요청에도 부합된다. 대규모 집적회로 제조 공정용 레지스터인 크레졸/노볼락 수지/diazonaphthoquionone(DNQ)계 레지스터의 화상 형성 기구는 광조사에 의해 DNQ가 분해해 알칼리 가용성의 카르복실산이 되어 현상액에의 용해성이 증대해 positive형의 상을 준다고 알려져 있다 (〈그림 22〉).

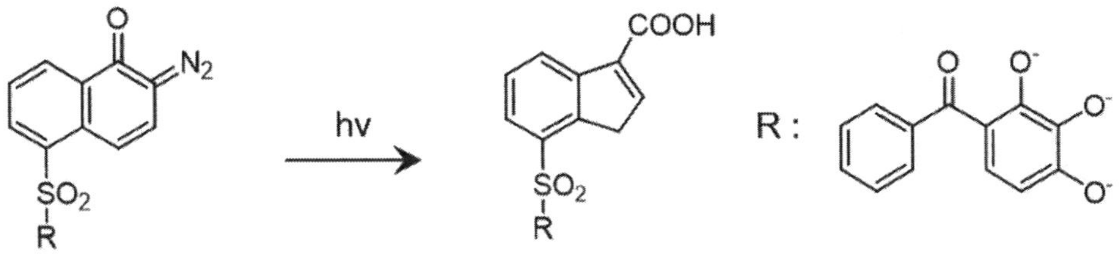

〈그림 22〉 DNQ의 광반응 과정

〈그림 23〉에서 폴리아믹산의 일부 카르복실산기를 K_2CO_3/HMPA 조건 하에서 광분해성 감광성기인 4,5-dimethoxy-2-nitrobenzyl bromide와 반응시켜 에스테르를 형성하고 나머지 카르복실기를 화학적 이미드화시킨 poly[imide-co-(amic ester)]를 나타내었다. 이 고분자에 자외선을 조사하면 감광성기인 4,5-dimethoxy-2-

nitrobenzyl기가 분해되어 카르복실기를 형성함에 따라 고분자가 알칼리 현상액에 대해 용해하며, 이를 이용하여 positive 패턴을 형성할 수 있다.

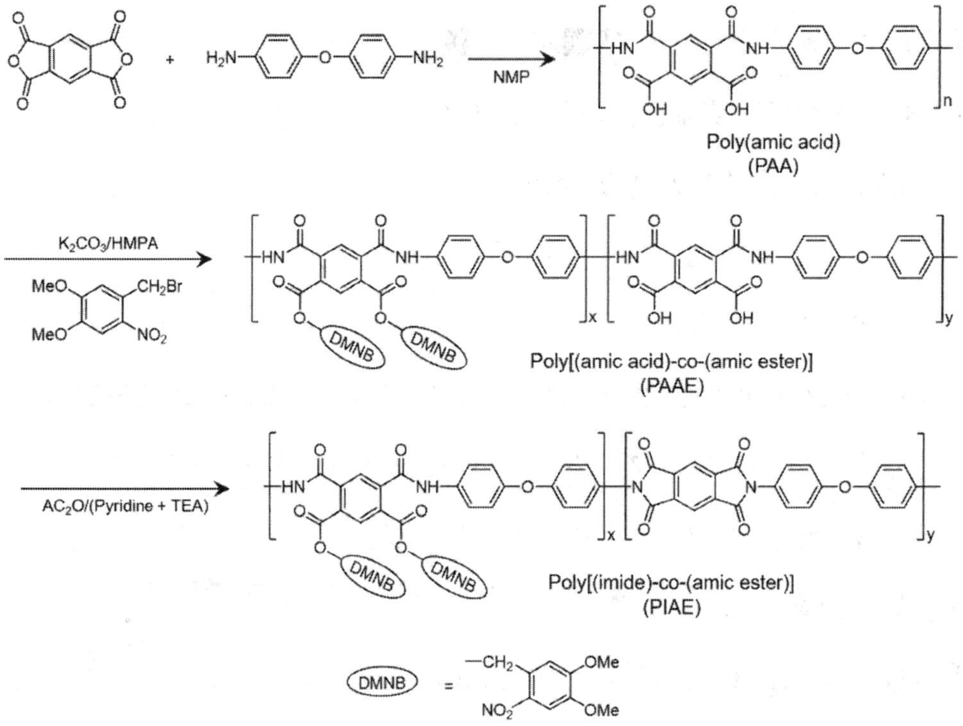

〈그림 23〉 폴리이미드의 positive 패턴 형성 반응 예

4.2. 저유전율 폴리이미드

금속 층간 절연막 재료로 사용되기 위해서는 유전율이 낮아야 하며 도포 및 평탄화 특성이 우수해야 한다. 이외에 (1) 열적, 전기적, 기계적 특성, (2) 세정, 식각, 화학기계적 연마에 대한 내성, (3) 고순도 및 저가화의 기능성, (4) 반도체 소자의 동작 수명보다 긴 내구신뢰성 등을 들 수 있다. 또한 재료의 박막화가 용이해야 하며 환경적으로 유독성 용매의 사용이 자제되어야 한다. 이러한 요구에

따라 여러 고분자 재료들이 연구되고 있는데, 그중 폴리이미드는 우수한 재료로 알려져 있다.

폴리이미드는 프리폴리머 형태로 공정상에 투입되며 1900년도 초기부터 반도체 공정에 적용되기 시작하였다. 흡습 특성, 유전 성질의 비등방성, 실온에서의 느린 축합 반응, 분자량 및 점성, 2.5보다 높은 유전상수(3.2~3.6)를 갖는 단점이 있으나, 열 안정성이 뛰어나고 높은 유리전이온도, 타 고분자 소재보다 낮은 열팽창계수 값을 가지며, 치환기 및 곁가지의 도입을 통한 낮은 유전상수를 갖는 구조의 설계가 용이하기 때문에 활발히 연구되고 있다.

화학적 구조 변경을 통한 폴리이미드의 저유전율화 방법으로서는 (1) 주쇄 중에 불소 원자와 같은 몰분극이 작은 원자나 (2) 부피가 큰 구조를 도입하는 방법과 (3) 지방족 고리 구조 합성 또는 (4) 기공 구조를 형성하는 방법이 알려져 있다. 그러나 이러한 단량체는 합성에 다단계를 필요로 하며, 기공 구조 형성을 위한 기공유도 물질(porogen)이나 상 전환(phase inversion)법 등 공정 요소가 요구된다.

4.3. 무색·투명 폴리이미드

일반적으로 방향족 폴리이미드의 경우 우수한 물성을 지니지만 본질적으로 황색 적갈색을 띠고 있기 때문에 무색·투명한 광학적 특성이 요구되는 디스플레이 분야에 적용하기에는 많은 어려움이 있다. 이러한 폴리이미드가 고유한 색을 띠게 되는 이유는 〈3장 3.3절〉에서 기술한 바와 같이 이미드 주 사슬 내에 존재하는 벤젠의 π-전자들이 사슬 내, 사슬 간의 결합에 의해 발생되는 강한 전하 전이 착물의 형성에 기인한다.

전하 전이 복합화를 낮추기 위해서는 (1) 이미드 주사슬 내에 트리플루오로메틸(-CF$_3$)과 같은 전기음성도가 비교적 강한 원소를 도입함으로써 π-전자의 이동을 저하시켜 공명효과를 낮추는 방법이 있으며, (2) 에테르(-O-), 설폰(-SO$_2$)과 같은 굽은 사슬 구조를 도입함으로써 보다 비결정 성질을 증대시켜 사슬 간의 인접함을 낮춰 전하 전이 복합화 형성을 방해할 수 있으며, (3) 벤젠이 아닌 올레핀계 환형(cycloolefin) 구조를 도입함으로써 주사슬 내에 존재하는 π-전자의 밀도를 낮춰줄 수 있다. 이러한 방법으로 합성된 무색·투명 폴리이미드는 기존의 유색 폴리이미드보다 우수한 광 투과도를 가져 전자 광학 장비나 반도체 분야에서 사용될 수 있다. 〈그림 24〉와 〈그림 25〉에서 볼 수 있는 구조의 대부분은 전하 전이 착물 형성을 줄일 수 있도록 설계된 단량체 구조들이다.

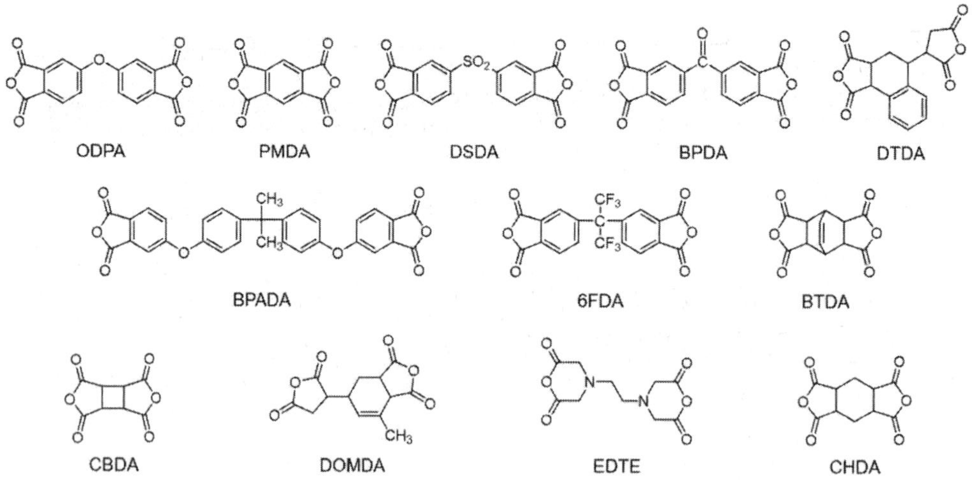

〈그림 24〉 대표적인 무색·투명 폴리이미드 합성 산이무수물 단량체

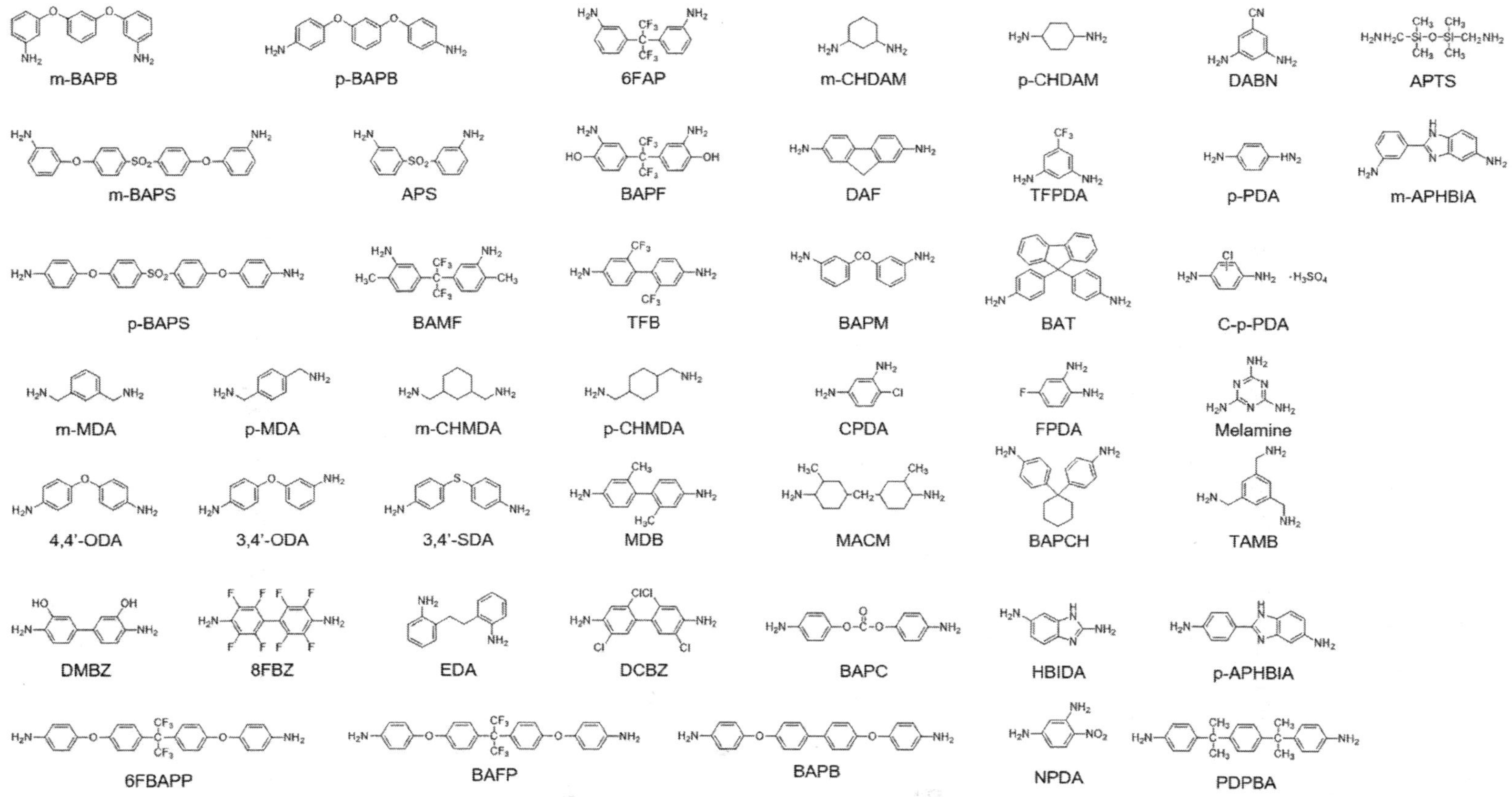

제4장. 폴리이미드의 종류 및 산업적 응용

<그림 25> 대표적인 무색·투명 폴리이미드 합성 다이아민 단량체

무색·투명 폴리이미드를 합성하기 위해서는 주사슬에 굽은 구조나 비대칭성 치환기가 있어야 하기 때문에 비록 무색·투명한 성질은 만족시키지만 반대로 열 및 기계적 특성이 급격하게 감소하게 된다. 따라서 이러한 단점을 보완하기 위해 투명성은 일부 그대로 유지하면서 전체적인 폴리이미드의 열 및 기계적 특성을 감소시키지 않는 강직한 구조의 단량체를 일부 사용하는 폴리이미드 공중합체가 가능하게 된다.

한편, 지금까지 불소로 치환된 무색·투명 폴리이미드를 합성하는데 여러 성과가 있었다. 불소로 치환된 무색·투명 폴리이미드는 앞서 설명한 것과 같이 π-전자의 이동을 저하시켜 공명효과를 낮추어 높은 광학적 성질을 보일 수는 있으나 아직까지 상용화되기에는 그 가격이 매우 비싸다는 한계가 있다. 때문에 이를 해결하기 위해 불소를 대체할 수 있는 성질을 지닌 치환체를 도입하는 연구가 진행되고 있으며, 그 대표적인 물질로는 술폰계 폴리이미드가 있다. 술폰계 폴리이미드는 불소계 폴리이미드에 상응하는 화학적, 기계적 안정성을 지닌다.

4.4. 열경화성 폴리이미드

4.4.1. 말레이미드형

비스말레이미드(BMI, 4,4-bismaleimidodiphenylmethane)는 산수화물과 디아민이 축합 중합하여 형성되는 2개 이상의 이미드 작용기를 가지는 저분자량의 불포화 유기 화합물이다. 이러한 분자구조를 〈그림 26〉에 나타내었다. 비스말레이미드를 구성하는 카보닐 그룹의 전자 끌기 현상에 의해 활성화된 C-C 이중결합 부분에서 화학적인 반응이 일어난다.

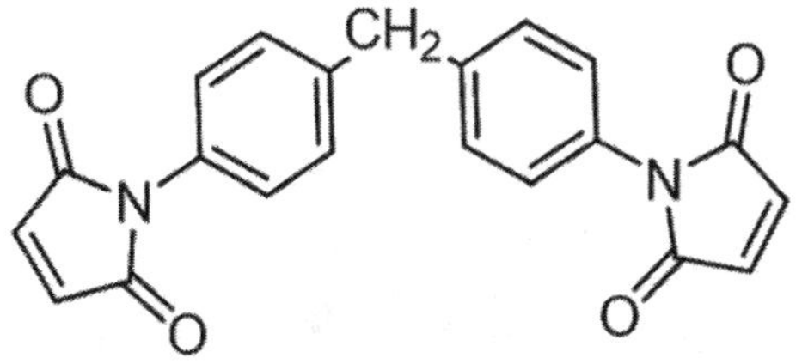

제4장. 폴리이미드의 종류 및 산업적 응용

〈그림 26〉 비스말레이미드의 분자 구조

비스말레이미드는 항공·우주 및 전자 산업에서 점점 더 많이 사용되고 있으며, 상대적으로 저온 내성이 있는 에폭시 시스템과 고온 내성이 있는 폴리이미드 사이의 격차를 해소한다. 폴리이미드에 비해 유리전이온도가 약간 낮지만 비스말레이미드는 축합형 폴리이미드에 비해 수분 흡수가 현저히 낮고 휘발성 가스가 거의 발생하지 않으며 가공 특성이 우수하고 비용이 저렴하다는 장점이 있다. 비스말레이미드는 에폭시 수지에 비해 인장 강도와 탄성 계수가 더 높고 내화학성과 내부식성이 우수하며 치수 안정성과 고온 성능이 우수하다. 취성은 방향족 분자 구조로 인해 비스말레이미드 기반 폴리이미드의 주요 단점이었다. 그러나 이것은 diallylbisphenol(DABA), 방향족 디아민, 에폭시 등과 같은 다양한 개질제를 사용하는 개질된 비스말레이미드에서 극복되어 결과적으로 가교 거리의 증가로 인한 가소성을 개선했다.

고성능 보온성 부가형 폴리이미드의 한 종류인 비스말레이미드는 폴리이미드와 유사하며, 높은 온도에서 고강도 및 강성, 장기 열 및 산화 안정성, 우수한 전기적 특성, 상대적으로 낮은 수분 흡수 성향을 포함한다. 폴리아미드와 마찬가지로 치수 안정성이 뛰어나고 최고의 고온 성능을 제공한다. 또한 탄화수소, 알코올 및 할로젠화 용제를 포함한 우수한 내화학성을 가지고 있다. 높은 강도와 뛰어난 장기 크리프 저항성으로 인해, 많은 구조 용도에서 금속 및 기타 재료를 교체할 수 있다.

4.4.2. PMR(polymerization of monomer reactant)형

PETI-375는 미 항공 우주국에서 개발한 대표적인 수지 이송성형(RTM, resin transfer molding)용 열경화성 폴리이미드 중 하나이다. 수지 이송성형에 사용되는 수지는 가공 전에 견고한 주쇄를 가지며 기본적으로 휘발성이 없어야 하며, 가공 중에는 적절한 용융 흐름을 제공하기 위해 낮고 안정적인 점도를 갖추고 있어야 하며 휘발성 부산물이 없고 수축률이 낮아야 한다. 이러한 점들을 모두 충족한 것이 PETI-375이다.

PETI-375는 유통, 보관 시에는 페닐에티닐 그룹을 가지는 이미드 올리고머(oligomer) 상태로 존재한다. 올리고머는 230~250℃ 범위의 유리 전이 온도와 낮고 안정적인 용융점도를 통한 우수한 가공성, 높은 열 및 기계적 성능, 낮은 비용 및 독성의 특징들을 가진다. 그 후 올리고머를 열 경화하면 가교된 PETI-375가 제조된다.

PETI-375 올리고머는 산이무수물로 a-BPDA, 디아민으로 1,3,4-APB와 TFMBZ를 50:50 비율로 합성되고 말단 캡핑 가교제로 PEPA를 사용한다. 산이무수물과 디아민의 비율은 올리고머의 수평균 분자량이 750g/mol이 되도록 설정된다. 단량체와 가교제의 반응이 모두 완료되면 중합체의 형태는 아믹산 올리고머이다. 아믹산 올리고머를 열적 또는 화학적 방법으로 이미드화하면 이미드 올리고머가 제조되고 세척, 여과, 건조 과정을 거쳐 분말 형태의 수득물을 얻게 된다. 마지막으로 이미드 올리고머 분말을 열 경화하면 이미드 올리고머 말단의

삼중결합이 파괴되면서 총 4개의 라디칼이 형성되고 올리고머의 라디칼끼리 사슬중합을 하면서 가교 구조가 형성된다.

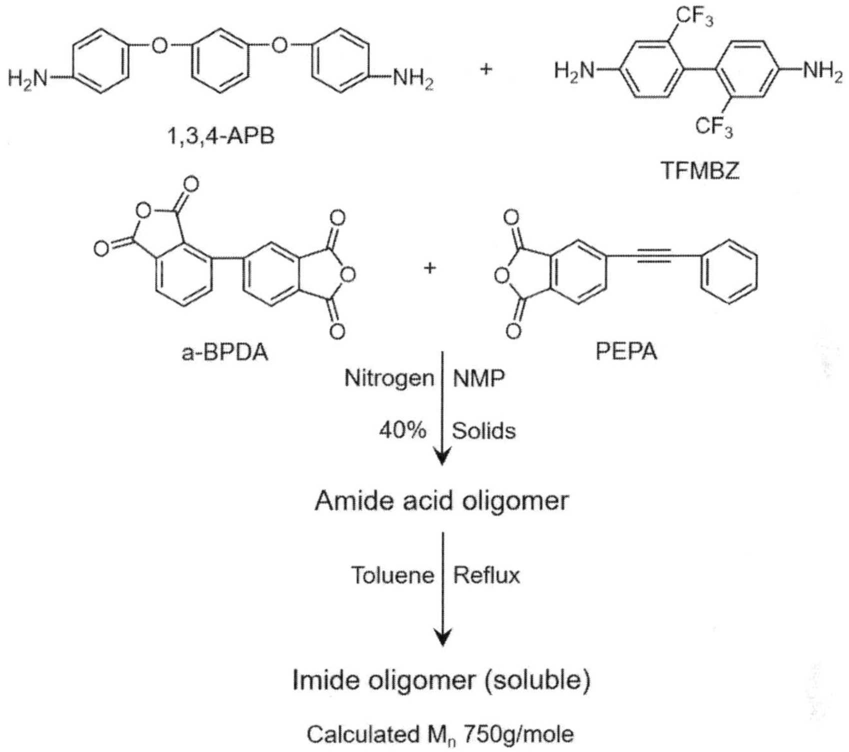

〈그림 27〉 PETI-375 올리고머의 합성 모식도

열 경화까지 끝난 PETI-375는 매우 우수한 열 및 기계적 특성을 나타내며 경화하기 전에는 올리고머 상태로 존재하기 때문에 보관 및 유통이 용이하다. 그리고 분말 형태에서 온도와 압력만 가해주면 경화가 일어나기 때문에 복합재를 제작할 때 가공성이 뛰어난 특징이 있다. PETI-375의 우수한 특성(높은 열 안정성, 낮은 유전 상수와 유전 손실)과 가공 및 성형이 용이한 점은 초음속 미사일의 레이돔에 사용되는 복합재 수지를 포함하여 항공·우주용 극한 소재로 사용되기에 유리하다.

이러한 우수한 물성에 주목하여 PETI 계열의 열경화성 폴리이미드에 관한 많은 연구가 진행되고 있다. 일반적으로는 이미드 올리고머 합성에 사용되는 단량체의 종류와 올리고머의 평균분자량을 변수로 두는 연구가 대부분이다. 단량체의 종류를 바꿀 때는 열 경화 수지 상태일 때의 물성도 중요하지만, 이미드 올리고머의 용해도 또는 용융성 여부가 가장 중요하다. 대표적인 상용 폴리이미드인 Kapton 합성에 사용하는 두 단량체 PMDA와 ODA를 사용하여 이미드 올리고머를 제작하면 용융·용해되지 않아서 성형을 통해 열 경화 수지를 제작하는 것이 불가능하다. 따라서 PETI 계열의 열경화성 폴리이미드의 설계에는 성형성을 반드시 고려해야 한다.

용해도와 용융성을 증가시키는 방법으로는 페닐, 트리플루오로메틸 치환체와 같은 bulky한 분자구조를 단량체의 도입하는 방법과 선형의 단량체 대신 m-PDA, 3,4'-BPDA와 같은 kink 구조의 형태를 가지고 있는 구조이성질체 단량체를 사용하는 방법이 있다. 두 방법 모두 고분자 사슬의 쌓임을 방해하여 용해도와 용융성을 높이는 방법이다.

제4장. 폴리이미드의 종류 및 산업적 응용

〈표 3〉 PETI 계열 이미드 올리고머의 구조 및 특성

Sample	PETI-O	PETI-F	PETI-P	PETI-1	PII-PDA-2	PII-TFMB-3	PII-ODA-4	PI-6	3,3'-BPDA/ODA-2	3,3'-BPDA/TFMB-3	3,3'-BPDA/FDA-1
Dianhydride	6FDA	6FDA	6FDA	6FDA	3,4'-BPDA	3,4'-BPDA	3,4'-BPDA	3,4'-ODPA	3,3'-BPDA	3,3'-BPDA	3,3'-BPDA
Diamine	3,4'-ODA	TFMB	m-PDA	3,4'ODA(0.75) m-PDA(0.25)	m-PDA	TFMB	3,4'-ODA	3,4'-ODA	4,4'-ODA	TFMB	FDA
M_n	1346	1303	1333	1333	1241	2702	1914	9140	1300	1900	1200
M_w	1986	1831	1915	1940	-	-	-	14870	-	-	-
PDI	1.48	1.41	1.44	1.46	1.35	1.94	1.69	1.63	1.41	1.69	1.37
T_g (°C) of oligomer	157	170	158	147	157	155	167	186	185	223	219
T_m (°C)	215, 246	214, 272	-	216, 245	-	-	-	-	-	-	-
$[\eta^*]_{min}$	0.15, 309 °C	0.31, 331 °C	0.45, 323 °C	0.16, 312 °C	12, 327 °C	24, 329 °C	7, 340 °C	4.2, 316 °C	3	20	37
Catalyst	Toluene Isoquinoline	Toluene Isoquinoline	Toluene Isoquinoline	Toluene Isoquinoline	TFAA TEA	TFAA TEA	TFAA TEA	Acetic anhydride TEA	Xylene	Xylene	Xylene
Imidization	Thermal 180 °C 10 h	Thermal 180 °C 10 h	Thermal 180 °C 10 h	Thermal 180 °C 10 h	Chemical 0 °C 6 h	Chemical 0 °C 6 h	Chemical 0 °C 6 h	Chemical 0 °C 6 h	Thermal 150 °C 8 h	Thermal 150 °C 8 h	Thermal 150 °C 8 h
Solubility	Soluble	Soluble	Soluble	Soluble	Soluble	Soluble	Soluble	Soluble	Soluble	Soluble	Soluble
Processing	4 MPa 380 °C 2 h	4 MPa 380 °C 2 h	4 MPa 380 °C 2 h	4 MPa 380 °C 2 h	2 MPa 371 °C 2 h	2 MPa 371 °C 2 h	2 MPa 371 °C 2 h	370 °C	1.5 MPa 371 °C 150 min	1.5 MPa 371 °C 150 min	1.5 MPa 371 °C 150 min
$T_{d5\%}$ @N_2 (°C)	558	578	577	564	584	580	574	564	550	572	567
T_g (°C)	363	438	398	380	435	401	315	302	378	384	455

PMR형 열경화성 폴리이미드의 또 다른 예인 PMR-15는 미 항공 우주국 Langley 연구센터에서 항공·우주, 방위, 탄도응용 등을 목적으로 개발한 열경화성 폴리이미드이다. 기존의 폴리이미드는 가공하기 어렵지만, 반응성 말단 캡핑 가교제가 있는 이미드 올리고머를 사용하여 가공성이 우수하다.

PMR-15 올리고머는 산이무수물로 3,3', 4,4'-BTDA, 디아민으로 MDA, 말단 캡핑 가교제인 nadic ester로 합성된다. 가교제와 단량체들의 중합이 완료되면 가열을 통해 이미드 고리를 닫아 이미드 올리고머를 얻게 된다. 이미드 올리고머에 열과 압력을 가하면 올리고머끼리 가교결합을 형성하며 열 경화된 수지가 제조된다.

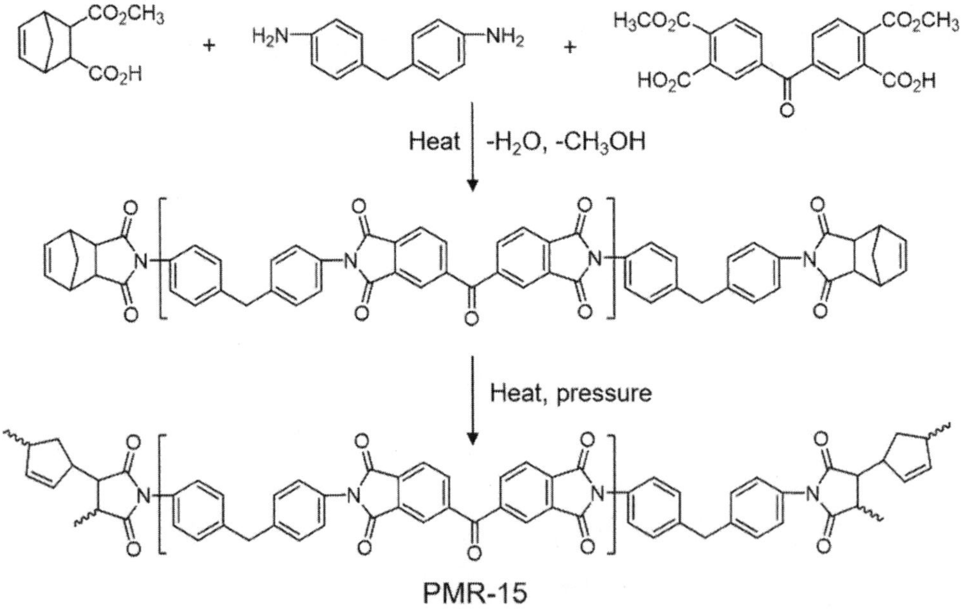

〈그림 28〉 PMR-15의 합성 모식도

PMR-15는 가공 및 성형성이 뛰어나며 열 경화가 완료된 후에는 가볍고 우수한 열 및 기계적 특성을 가지게 되어 조선, 자동차, 항공·우주, 방위 등 다양한 분야에 대한 응용 가능성을 갖는다. 그리고 PMR-15의 경화 메커니즘은 차후 개발된 수지들에도 적용되어 단량체와 가교제의 구조를 조금씩 변경한 DMBZ-15, RP-46와 같은 우수한 성능의 수지들이 개발되고 있으며, 미 항공우주국을 제외한 다른 기관에서도 PMR 계열의 열경화성 폴리이미드에 관한 연구가 활발히 진행되고 있다.

PMR도 PETI와 마찬가지로 열 및 기계적 물성뿐만 아니라 성형성을 최우선적으로 고려하여 수지를 설계해야 한다. 일반적으로 PMR 계열 열경화성 폴리이미드에 사용된 가교제의 내열성이 PETI 계열에 사용되는 가교제의 내열성보다 낮기 때문에 PMR은 PETI에 비해 내열성이 떨어진다. 성형성과 내열성을 모두 증가시키기 위해서는 BPDA, PDA와 같이 분자구조가 강직한 단량체를 사용하되, 선형 구조가 아닌 kink 형태의 구조 이성질체를 사용해야 한다.

〈표 4〉 PMR 계열 이미드 올리고머의 구조 및 특성

Sample	PI-1	PI-2	PI-3	PI-4	API-1	BTDA crosslinked PI	ODPA crosslinked PI	6FDA crosslinked PI	PI resin-NA
Dianhydride	HPMDA	HPMDA	HPMDA	HPMDA	PMDA	BTDA	ODPA	6FDA	a-BPDA
Diamine	3,4'-ODA	4,4'-ODA	BAPP	6FBAPP	3,4'-ODA	4,4'-ODA	4,4'-ODA	4,4'-ODA	p-PDA/TPER
M_n	3319	3292	3457	3277	-	-	-	-	2500
M_w	6967	6812	6653	6405	-	-	-	-	-
PDI	2.1	2.07	1.92	1.95	-	-	-	-	-
T_g (°C) of oligomer	-	-	-	-	-	-	-	-	-
T_m	108, 305 °C	231, 296 °C	3.7, 300 °C	6.1, 302 °C	-	-	-	-	400, 310 °C
$|\eta^*|_{min}$	-	-	-	-	-	-	-	-	-
Catalyst	-	-	-	-	-	-	-	-	-
Imidization	Thermal ~220 °C	Thermal ~220 °C	Thermal ~220 °C	Thermal ~220 °C	Thermal ~220 °C	Thermal ~250 °C	Thermal ~250 °C	Thermal ~250 °C	Thermal ~200 °C
Solubility	soluble	soluble	soluble	soluble	soluble	-	-	-	-
Processing	1.5 MPa 320 °C 2 h	1.5 MPa 320 °C 2 h	1.5 MPa 320 °C 2 h	1.5 MPa 320 °C 2 h	1.5 MPa 320 °C 2 h	350 °C 2.5 h	350 °C 2.5 h	350 °C 2.5 h	4 MPa 380 °C 2 h
$T_{d5\%}$ @N_2 (°C)	477.4	473.1	486.	486	509.6	538.78	528.22	508.52	591
T_g (°C)	290.4	317.6	256.2	283.8	290.4	408.76	394.34	389.88	340

4.5. 폴리이미드 섬유

폴리이미드 섬유는 미국 Upjohn사가 습식 및 건식방사한 폴리이미드 2080 필라멘트 섬유를 개발하여 항공·우주 산업에 쓰여왔다. 1980년대 미국 Dow chemical사가 Upjohn사의 폴리이미드 필라멘트 섬유 방사공정 특허를 인수하여 공업화하였다. 1987년부터는 오스트리아의 Lenzing AG사가 미국 Dow chemical사로부터 방사 용액을 수입하여 고강도, 고내열, 불융, 불용성 필라멘트 섬유 및 스테이플 섬유를 생산하고 있다.

폴리이미드 섬유는 폴리아믹산을 건식 방사한 후, 폴리아믹산 섬유를 절사되지 않는 한도에서 최대한의 응력을 가한 상태에서 열적 이미드화하여 얻어진다. 섬유의 인장강도는 분자쇄의 일축 배향도가 좌우하나, 폴리이미드는 〈그림 29〉에 나타나 있는 것과 같이 주쇄의 이미드환 및 벤젠고리에 의해 평판 배향하는 특성이 있으므로 유연 구조의 폴리아믹산을 분자설계해야 응력하에서의 이미드화가 가능하며 연신이 가능하다. 또한, 최적의 이미드화 분위기 및 온도에서 전구체인 폴리아믹산이 일축 배향되며 최대한 이미드환을 형성하여 고강도를 발휘할 수 있도록 해야 한다.

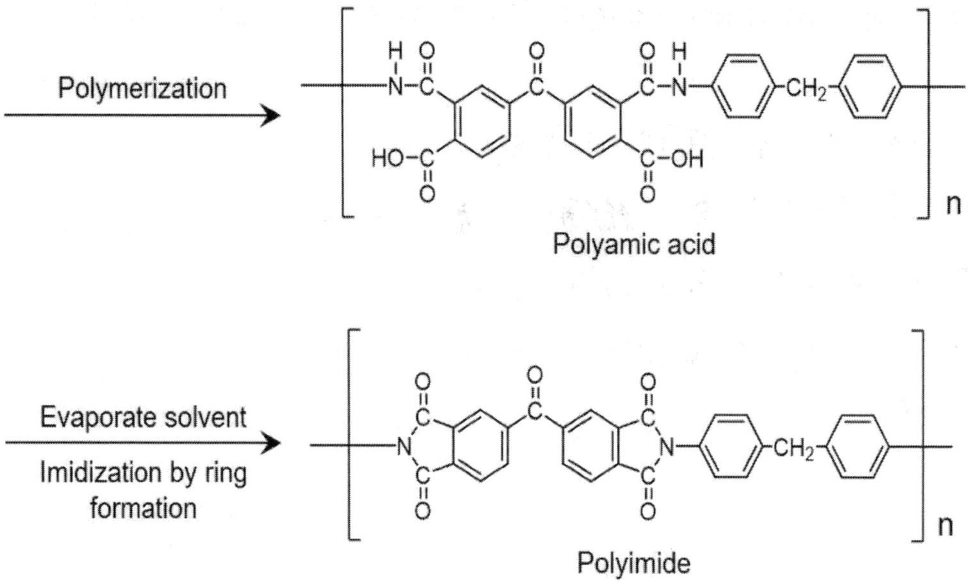

〈그림 29〉 BTDA-3,3'-MDA 폴리아믹산의 이미드화 반응

고강도 폴리이미드 섬유 제조의 단계는 (1) 섬유 형성 폴리아믹산 분자구조의 설계, (2) 방사 후 최적 이미드화 설정, (3) 폴리이미드 섬유의 분자 일축 배향 및 연신 기술로 대별할 수 있다. 현재 세계적으로 발표된 고강도 폴리이미드 섬유의 연구개발 사례를 정리해 보면 다음과 같다.

(가) 산이무수물로 PPD, 디아민으로 3,4'-ODA로 선택한 폴리아믹산을 DMAc/pyridine 용매에서 방사한 후, 500℃까지 승온하며 열적 이미드화와 동시에 연신하여 인장강도 15.5g/d, 신도 3.3, 탄성율 600g/d의 섬유를 얻는다. 이 섬유는 열적 이미드화를 단계별 승온하여 연신비 6~10으로 연신한다.

(나) OTOL-BPDA/PMDA(70/30)과 3,4'-ODA/PPD-BPDA 폴리이미드 섬유는 인장강도 25g/d, 신도 2.6, 탄성율 1,000g/d이며, 300℃의 고온에서도 Kevlar 49 섬유보다 우수한 기계적 강도를 유지한다. 이 폴리이미드 섬유는 내

제4장. 폴리이미드의 종류 및 산업적 응용

약품성이 우수하여 85℃의 진한 황산에서도 Kevlar 49 섬유보다 우수한 내산성을 가지고 있다.

(다) 폴리아믹산과 부분적으로 이미드화된 폴리아믹산 혼합체를 NMP 용매하에서 방사할 수 있다. 이 방법으로는 다양하고 범용적인 PMDA, ODPA, BTDA 등의 산이무수물과 ODA, benzidine류 및 diaminoterphenyl 등의 디아민을 선택한 폴리아믹산으로 방사하여 인장강도 19.7g/d, 신도 1.5, 탄성율 1,000~1,300g/d의 폴리이미드 섬유를 연신비 3~6으로 400~600℃에서 연신하여 얻는다.

맺음말

지금까지 폴리이미드의 기본 원리 및 합성에서부터 물성, 핵심 부품 소재로의 시스템 연계 기술 및 응용에 이르기까지 전반적인 내용에 대하여 살펴보았다. 앞서 살펴본 바와 같이 폴리이미드는 높은 열 안정성, 기계적 물성, 화학적 성질과 낮은 유전상수 등 기존의 다른 고분자와 구별되는 고유한 특성을 지니며, 산업 발전에 맞추어 다양한 물리적·화학적 특성을 만족하는 새로운 형태의 폴리이미드가 개발·적용되고 있다.

폴리이미드 필름 시장은 소재 산업의 특성상 전방 산업의 수요에 큰 영향을 받는다. 현재 전자제품 부문에서의 수요가 폴리이미드 필름 시장을 이끌고 있지만, 앞으로 미국에서는 항공·우주, 전기 자동차, 배터리, 태양 패널, 대형 디스플레이 등 첨단 산업군이 폴리이미드 필름 시장의 새로운 성장 동력이 될 것으로 기대되고 있다.

MarketsandMarkets에서 분석한 폴리이미드 필름 시장 역학은 다음과 같다. (1) 시장 성장 요인: 전자 산업의 수요 증가, 자동차 산업 및 배터리 산업의 강력한 수요, 다른 고분자 필름보다 우수한 물성. (2) 시장 약화 요인: 고가의 제조 비용. (3) 시장 성장기회 요인: 신흥국 수요 증가, 항공·우주 산업에서 이용 증가, 스마트 윈도우와 같이 잠재성 있는 응용처 등장, 투명 폴리이미드 필름에 대한 선호도 증가. (4) 시장 성장과제 요인: 폴리이미드 필름 제조 및 가공에 요구되는 높은 수준의 기술 역량.

한편 폴리이미드를 액화한 바니시(varnish) 제품도 전기 자동차용 모터의 절연처리에 사용되는 소재로 각광받고 있는바, 다양한 산업 분야에서 요구되는 폴리이미드 제품을 각 산업 분야 특성에 맞게 다각화하고 우수한 물성을 갖는 제품을 보유한 기업이 경쟁력이 있을 것으로 보인다.

이처럼 폴리이미드는 매우 흥미로운 소재이며, 향후 활발한 연구를 통해 성능 및 공정성에 대한 개선이 이루어진다면 보다 폭넓은 응용 분야의 전개가 예상된다.

에듀컨텐츠·휴피아

폴리이미드 기초 및 응용
Polyimides | Fundamentals and Applications

2023년 9월 15일 초판 1쇄 인쇄
2023년 9월 20일 초판 1쇄 발행

저　　자	남 기 호 · 著
발 행 처	도서출판 에듀컨텐츠휴피아
발 행 인	李 相 烈
등록번호	제2017-000042호 (2002년 1월 9일 신고등록)
주　　소	서울 광진구 자양로 28길 98, 동양빌딩
전　　화	(02) 443-6366
팩　　스	(02) 443-6376
e-mail	iknowledge@naver.com
web	http://cafe.naver.com/eduhuepia
만든사람들	기획·김수아 / 책임편집·이진훈 김예빈 최은성 하지수 디자인·유충현 / 영업·이순우
I S B N	978-89-6356-411-1 (93560)
정　가	15,000원

ⓒ 2023, 남기호, 도서출판 에듀컨텐츠휴피아

> 이 책은 저작권법에 따라 보호받는 저작물이므로 무단전재와 무단복제를 금지하며, 책 내용의 전부 또는 일부를 이용하려면 반드시 저작권자 및 도서출판 에듀컨텐츠휴피아의 서면 동의를 받아야 합니다.